U0167521

北京市 BIM 应用示范工程典型案例集

北京城建科技促进会　组织编写

中国建筑工业出版社

图书在版编目（CIP）数据

北京市BIM应用示范工程典型案例集／北京城建科技
促进会组织编写. —北京：中国建筑工业出版社，
2020.9
ISBN 978-7-112-25396-8

Ⅰ. ①北… Ⅱ. ①北… Ⅲ. ①建筑设计—计算机辅助
设计—应用软件—案例 Ⅳ. ①TU201.4

中国版本图书馆CIP数据核字(2020)第165196号

责任编辑：张伯熙
策划编辑：王　治
责任校对：姜小莲　赵　菲

北京市BIM应用示范工程典型案例集
北京城建科技促进会　组织编写
*
中国建筑工业出版社出版、发行（北京海淀三里河路9号）
各地新华书店、建筑书店经销
北京科地亚盟排版公司制版
河北鹏润印刷有限公司印刷
*
开本：787毫米×1092毫米　1/16　印张：16　字数：398千字
2020年12月第一版　　2020年12月第一次印刷
定价：79.00元
ISBN 978-7-112-25396-8
(36016)

版权所有　翻印必究
如有印装质量问题，可寄本社图书出版中心退换
（邮政编码 100037）

本书编委会

专 家 顾 问：李云贵　马智亮　何关培　王　静　张建平

主 任 委 员：鲁丽萍

副主任委员：李久林　杨晓毅　杨震卿　张德萍

编委会成员：孙西濛　卢　松　解江涛　张静涛　慎旭双　肖宝琦
　　　　　　张小平　邱德隆　李庆达　张志伟　姜月菊　戴金娥
　　　　　　武永在　赛　菡　雷素素　叶锦华　赵　欣　李建华
　　　　　　段先军　段劲松　董佳节　杨国良　何辉斌　贾惠文
　　　　　　李志勇　张　正　毛传东　周冀伟　孔　巍　段正国
　　　　　　王耿超　杜　浪　邓　博　李　松　白　宇　于艺林
　　　　　　程占玉　刘相涛　张　博　李　括　宋萍萍　张评壹
　　　　　　王志明　聂正康　杨　昕　邱海鹏　张文政　崔新梅
　　　　　　李孟男　刘长宇　韦晓峰　唐国安　王金龙　李自可
　　　　　　刘　鑫　金占勇　田　军　尹　强　郭跃龙　侯　博
　　　　　　王仲超　王向兰　郭存丰　牛大伟　万家和　高见闻

主 编 单 位：北京城建科技促进会

参 编 单 位：北京城建集团有限责任公司
　　　　　　中铁十二局集团有限公司
　　　　　　北京市政路桥股份有限公司
　　　　　　中国建筑一局（集团）有限公司
　　　　　　中国建筑第八工程局有限公司
　　　　　　中建三局集团有限公司
　　　　　　北京城建亚泰建设集团有限公司
　　　　　　北京建工集团有限责任公司
　　　　　　北京城乡建设集团有限责任公司
　　　　　　中建市政工程有限公司
　　　　　　北京城建道桥建设集团有限公司
　　　　　　北京城建勘测设计研究院有限责任公司

序一

当今世界正在经历百年未有之大变局，2020年一场突如其来全球流行的新冠肺炎疫情使这个大变局加速演变，在此背景下，我国发展既面临着前所未有的挑战，也迎来了巨大的机遇。党的十九大报告指出，推动互联网、大数据、人工智能和实体经济的深度融合，要大力改造传统产业。建筑业作为国民经济的支柱产业之一，是我国超大规模市场的重要组成部分，也是推动形成以国内大循环为主体、国内国际双循环相互促进发展新格局的重要阵地。我国建筑业正走在以新型工业化变革生产方式、以数字化推动全面转型、以绿色化实现高质量可持续发展的创新发展新时代。

在BIM、大数据、物联网、人工智能等新一代信息技术的支撑下，工程建设从设计、施工到运维的全产业链数字化转型持续加速发展，无论是工程项目建造方式、建筑企业管理模式，还是宏观层面政府监管，都在向数字化、智能化和智慧化方向快速迈进，这都充分体现了在科技创新驱动下，物联网、人工智能等新一代信息技术与实体经济的深度融合。随着各行各业的跨界融合发展逐步成为大趋势，行业的边界被不断打破，新业态在行业融合中被不断发掘，建筑业的新业态和新型建造方式正在萌生和发展中。

2020年7月，住房和城乡建设部等十三个部门联合发布《关于推动智能建造与建筑工业化协同发展的指导意见》，提出"加快推动新一代信息技术与建筑工业化技术协同发展，在建造全过程加大BIM、互联网、物联网、大数据、云计算、移动通信、人工智能、区块链等新技术的集成与创新应用"，推进建筑业绿色化、工业化和智慧化发展，加快建造方式转变，是推动建筑业高质量可持续发展，实现建筑业转型升级的重要途径和举措。

北京市作为我国首都和全国科技创新中心，在推动BIM等信息技术在建筑业应用方面开展了大量富有成效的工作，自2017年起持续开展了示范工程建设、相关课题研究、标准制定、技术交流、宣传推广等工作，取得了瞩目的成绩。《北京市BIM应用示范工程典型案例集》的编制，旨在通过典型应用案例，让更多从业人员了解、掌握各案例项目BIM应用的经验和体会，为类似工作提供有益的参考。相信本案例集的推出，必将对我市全面推进BIM普及应用，提升以BIM为基础的新一代信息技术集成与创新应用能力起到重要的推动作用。

中国建筑集团有限公司首席专家

序二

以 2008 年北京奥运会场馆建设中的应用为发端，BIM 技术在我国工程建设中的应用已经走过了 10 多个年头。在我国政府的大力推动下，特别是最近几年，在工程建设领域，BIM 技术的应用和发展如火如荼。BIM 技术通过对建筑的几何信息及非几何信息的数字化，使建设过程能以直观的方式加以呈现，支持用计算机系统对相关信息进行深度分析，减轻技术人员传统的基于图纸信息分析的工作负担，提高管理人员工作和决策效率。在建筑全生命期，包括设计、施工、运维等多个阶段，普及 BIM 技术的应用大势所趋。

在此过程中，BIM 技术本身不断成熟，包括 BIM 应用软件的能力越来越强。以 BIM 建模软件为例，目前主要的 BIM 建模软件都能够用于建立大型复杂工程的 BIM 模型，曾经在模型的存储和显示上遭遇的瓶颈已不复存在。BIM 应用软件的种类也增加了，可喜的是，一些由国内软件厂商提供的、具有自主知识产权的 BIM 应用软件也已经获得应用，尤其在施工阶段已经开始占据主导地位。

目前 BIM 技术仍然在向深度、广度和集成度三个方向发展。在深度方面，BIM 应用软件的功能变得更加强大，同时出现了更多的 BIM 应用软件；在广度方面，不仅在房屋建筑工程中，BIM 技术也已经在道路、轨道交通等基础设施的建设和改造工程中得到应用；在集成度方面，BIM 技术已经与 GIS、云计算、大数据、物联网、人工智能等技术实现集成应用，使 BIM 技术得到了进一步发展，并在工程建设中发挥更大作用。

应该看到的是，BIM 技术的应用工作不能一蹴而就。首先，BIM 技术的发展离不开 BIM 技术在实际工程中的应用，因为需要通过应用总结经验和教训，对 BIM 应用软件不断进行打磨，使之更符合实际需求。其次，企业需要学习 BIM 技术，应用 BIM 技术，并跟上 BIM 技术的发展，这也需要经历一个过程。幸运的是，我国目前正在进行着大规模的基本建设，覆盖基础设施和房屋建筑建设及改造等，从而使企业有更多的机会实践并掌握 BIM 技术。尤其是，BIM 技术在我国的应用，迄今主要是针对一些大型复杂工程进行的。例如，上海中心大厦、天津 117 大厦、深圳平安大厦、北京中国尊大厦等全国主要城市的最高建筑的建设过程中都采用的 BIM 技术。这相当于先啃了硬骨头，为我国的 BIM 应用奠定了很好的基础。

在推进 BIM 应用的过程中，我国企业行动积极，并已经取得很大成绩。可以看到，在一大批工程项目中，企业积极探索 BIM 技术的应用，并已获得了显著的经济和社会效益。但是，科技进步需要大家共同推动，BIM 应用的发展也不例外。在此过程中，企业之间通过相互交流，取长补短，可使大家共同进步得更快。北京城建科技促进会组织编写的《北京市 BIM 应用示范工程典型案例集》在这方面可以发挥很大的作用。该书集中了 11 个来自北京市最近具有代表性重点工程的 BIM 应用优秀施工案例，涵盖了基础设施建设、既有建筑改造以及民用建筑建设等方面，反映了北京市的施工企业 BIM 应用的新水平。我相信，本书对广大施工企业提升 BIM 应用水平具有重要的参考价值。

清华大学土木工程系教授、博士生导师

前言

当前，我国建筑业正经历着深化改革、转型升级和科技跨越同步推进的发展过程中，特别是 BIM、IoT、AI 等新一代信息技术的快速发展和广泛应用，有力推动了建筑业数字化发展。自 2015 年开始，国务院办公厅和住房和城乡建设部相继发布了《关于推进建筑信息模型应用的指导意见》、《住房城乡建设事业"十三五"规划纲要》、《关于促进建筑业持续健康发展的意见》、《建筑业发展"十三五"规划》等多项政策文件，对建筑业发展的目标、任务、方向，以及对 BIM 等新一代信息技术的推广应用提出了明确要求。北京市在推动以 BIM 为基础的新一代信息技术集成与创新应用过程中，涌现出一批管理创新、技术创新、效益显著的工程建设项目，对推动本市 BIM 应用健康、有序发展起到重要作用。

本书选取 11 个 BIM 应用实施效果显著的示范项目案例，类型包括基础设施类、既有建筑改造类、民用建筑类等，针对项目重难点及实际需求进行 BIM 实施策划，包括 BIM 应用目标、应用范围、组织机构及岗位职责、软硬件配备、应用流程及管理制度等，深入挖掘 BIM 在建设过程中的创新与示范应用内容，梳理并总结 BIM 应用成效，可为类似工程建设项目提供借鉴和参考。

BIM 技术本身还在发展中，BIM 在工程中的应用也在不断深入，书中有些观点和描述可能存在偏差或片面性，有些结论也仅仅是针对当时的应用环境，并不一定能完全代表未来的发展，限于案例编写经验水平，本书内容难免存在不妥之处，期待同行批评指正，以期改进和提高。

本书在编写和审核过程中，得到了编委会及各案例编写单位的大力支持和帮助，在此表示衷心感谢。

最后，衷心感谢北京城建科技促进会、中国建筑出版传媒有限公司领导的悉心指导，在他们的帮助和支持下，本案例集能够排除疫情干扰得以顺利出版。

目　　录

基础设施篇

既有建筑改造篇

民用建筑篇

基础设施篇

案例一 长安街西延永定河大桥工程

1 项目概况

1.1 项目基本情况

  永定河大桥坐落于长安街向西的延长线上，是百里长安街上的新地标，也是北京城市与北京西山之间的西大门。现长安街在原来的基础上向西延伸6.45km，穿过原首钢厂区，跨越永定河水系，直至门头沟区三石路；向东延伸至通州行政副中心，全长达到55km，成为名副其实的"百里长街"。长安街西延道路全部开通后，为北京西部新添一条进出中心城区的快速联络线。永定河大桥的建成与通车，将石景山区和门头沟区原本十多公里、二十多分钟的路程，缩短为3km。永定河大桥的设计建造充分体现了长安街庄严、沉稳、厚重、大气、增强仪式感，展示大国首都形象的要求，展现了"同心协力、和谐共生"的寓意，为百里长安街增添一道亮丽的新风景。如图1、图2所示。

图1 永定河大桥效果图

  永定河大桥桥梁与永定河斜交57.4°，主跨280m，钢梁最宽处为54.9m，为大横梁连接的分离式钢箱结构，是全国最宽钢梁。钢塔为迈步空间非一致倾斜的椭圆拱形结构，是全国第一高度的异形斜拉桥钢塔，最大塔高（高塔）为124.26m，断面尺寸为15m×15m至4.6m×3.3m渐变。高塔为塔梁墩固结，矮塔为塔梁固结，塔底设四个单向滑动支座，为连续钢构双塔斜拉桥。如图 3、图 4 所示。桥梁建造材料采用 Q420qe、Q345qe 特种钢材，最大板厚达到 100mm，全桥总用钢量达到 4.5 万 t，总面积 3 万 m^2。桥梁设计使用年限 100 年。

图 2　永定河大桥

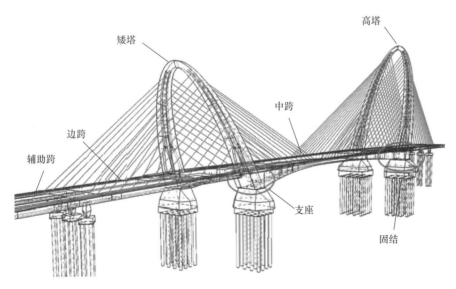

图 3　永定河大桥结构示意图

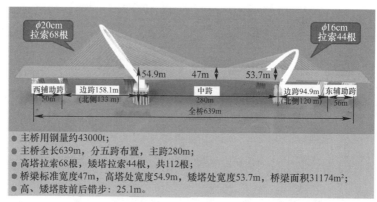

图 4　永定河大桥结构特征图

1.2　参建单位情况

工程主要参建单位见表 1。

参建单位列表　　　　　　　　　　　　　　　　　　　表 1

单位类别	单位名称
建设单位	北京市公联公路联络线有限责任公司
质量监督单位	北京市建设工程安全质量监督总站
设计单位	北京市政工程设计研究总院有限公司
监理单位	铁科院（北京）工程咨询有限公司
承建单位	北京城建集团有限责任公司

1.3　项目重难点及 BIM 应对措施

1.3.1　弯扭曲板加工难度大、精度要求高

钢塔为三维空间扭曲构造，且采用的三维曲板均为厚板，存在成形困难、回弹难以控制、线形精度较差等问题。三维空间扭曲构造的曲板为非一致曲率曲板，加工难度大，如图 5 所示。目前现行国家标准《钢结构工程施工质量验收规范》（GB 50205）不能满足验收精度评价要求，无法满足钢塔曲板验收目标。

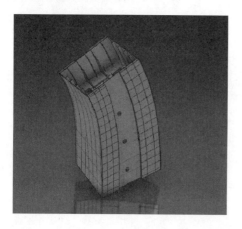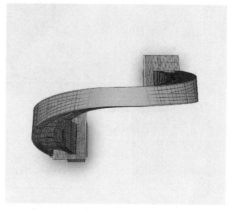

图 5　永定河大桥弯扭节段模型和弯扭钢塔模型

应对策略：（1）应用 BIM 技术配合各种曲板成形方案的比选，制定合理细致的加工方案，减小回弹变形，正式施工前进行工艺试验，验证钢结构空间曲面加工精度控制。（2）应用 BIM 技术辅助设计胎架，采用一板一胎、冲压碾压成型工艺，多点成形技术，水火弯板技术，实现曲板高精度制造。（3）采用常规验收辅以三维扫描仪测量进行曲板验收，并编制三维扫描验收规范，提高验收精度。

1.3.2　塔梁柱结合段施工难度大

大桥底部采用塔梁墩固结结构，南、北各有一个基座，每个基座预埋 85 根钢拉杆（长 8m，直径 85mm），节段安装时须穿过两层锚孔（孔径 130mm），配合间隙为 22.5mm，如图 6 所示，要保证群杆能顺利穿群孔，使得节段顺利就位，难度非常大。钢拉杆安装精度直接影响高塔首节段能否顺利安装。

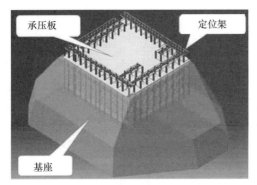
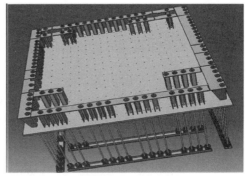

图 6　支墩预埋锚拉杆结构

应对策略：项目利用 BIM 技术研究了"基于位置空间状态及最优求解理论实现钢节段群孔群锚对中及安装技术"，完成了采用正向三维设计技术进行工程施工的深化，在此基础上实现了三维施工交底、吊装模拟，取得了很好的效果，有效解决了工程难题。首节段吊装，85 根钢拉杆一次套穿成功，成功率 100%。

1.3.3　超大面积承压板薄层注浆难度大

永定河大桥承压板面积为 235m²（14.85m×15.85m），压浆面积为 220m²，为国内最大。注浆层厚为 50mm，注浆层厚度薄。同时设计院设计指标显著高于目前国内已建工程指标要求，达到了①抗压强度≥50MPa；②接触率≥85%（同类桥梁 50%～70%），注浆面积大，接触率要求高，国内尚无可借鉴经验。如图 7、图 8 所示。

应对策略：项目研究了《超大面积承压板薄层注浆关键技术及工艺》，应用 BIM 技术对注浆技术进行了数值模拟，如图 9 所示。基于 BIM 技术构建了一种建立 II 类水泥基灌浆材料本构关系的方法，工程应用效果显著，经检测承压板注浆强度达到 70.8MPa 以上，接触率

图 7　永定河大桥承压板注浆

达到 95.8％以上，远高于设计值。

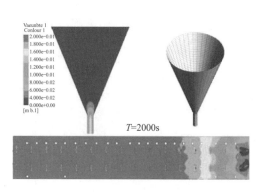

图 8　永定河大桥承压板板下结构　　　图 9　承压板注浆数值模拟

1.3.4　超重异形节段水平、垂直运输困难

依据设计，主桥钢梁和索塔节段最大吊装重量达 700t，最大安装高度 122.3m，安装就位具有一定的难度。施工场地范围内构筑物、施工机械设备众多，超大超宽节段运输难度大，如图 10 所示，吊机吊装位置以及起吊节段喂送运动路线设计难度大、容错度低。

图 10　永定河大桥吊装节段

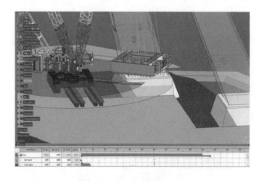

图 11　吊装施工模拟

应对策略：投入 2000t 和 1250t 履带式起重机完成节段垂直运输、安装作业。采用运梁平车展开超大、超宽节段运输。通过从机械设备厂家获取及自行建模的方式将场地与设备模型导入 Delmia 系统。通过吊装模拟的方法，对吊装方案的各个工艺细节进行验证，从而确保了在狭小场地内的水平与垂直运输设备的协调有序施工方案的准确性，如图 11 所示。

1.3.5　弯扭索塔安装与型形控制难度大

非一致曲率桥塔节段安装，吊装重量大，吊装高度高，空间位型确定控制精度要求高，施工工艺异常复杂，如图 12 所示。设计桥塔线型控制精度达到 31mm（$H/4000$），错边量≤2mm，控制精度要求高，施工难度大。

图 12　永定河大桥桥塔节段吊装

应对策略：项目基于 BIM 技术研发"空间弯扭异型钢塔线型控制技术"等技术，实现了精确分析节段就位数据与桥塔线型的变化，计算提取节段架设目标值，如图 13 所示。应用三维正向设计技术，设计专用吊耳、吊具、索具及空中姿态精调控制装置，聘请专业单位进行吊耳受力有限元计算。总承包单位与监控单位采用高精度测量设备选择合适的天气，共同进行节段就位测量工作，保证节段就位姿态精确无误。经监控单位测算，永定河大桥线型控制达到了 $H/6000$ 的超高精度，远高于设计要求指标，同时各节段错边量均不大于 2mm。

1.3.6　索塔支架方案设计难度大

钢塔施工时支架设置需要满足钢塔空间定位需要，同时要提供塔的各向支撑刚度。支架和倾斜索塔需协同变形，变形监测及控制难度巨大，并且支架高达 130m，进一步提高了高空支架安装与测量的工作难度。受重力作用，永定河大桥的倾斜索塔在卸载过程中因索塔自重引起的变形非常大，其控制难度十分大，如图 14 所示。

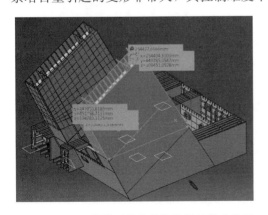

图 13　基于三维模型节段就位数据的精确分析　　　图 14　永定河大桥桥塔支架

7

　　应对策略：项目运用三维正向设计技术进行如图 15 所示支架设计，展开如图 16、图 17 所示支架牛腿、爬梯、工作平台等设施深化设计，并基于 BIM 技术进行索塔支架基础计算、验算工作，实现精准划分吊装单元，减少高空拼接作业，并编制索塔施工的专项方案。埋设支架应力应变监测及安全监控设备，利用 BIM 平台接收、存储数据，对超限部位进行报警，保证支架施工全过程的安全监测。实践证明，大桥桥塔支架能满足为钢塔提供各项刚度支撑，塔内应力变化满足设计要求，桥塔支架大量减少了用钢量。

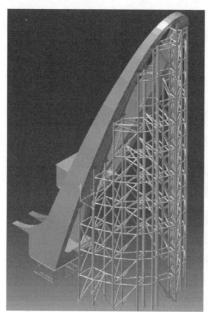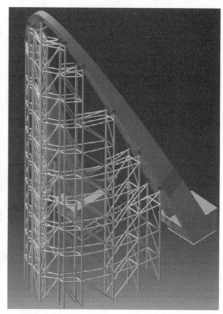

图 15　桥塔支架模型

图 16　支架牛腿模型与实物

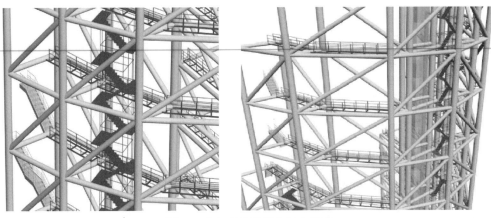

图 17　支架爬梯及操作平台模型

1.3.7　索塔合拢段合拢施工难度大

索塔为倾斜异面拱形扭转变截面钢塔，全部采用焊接的形式。索塔在安装过程中其轴线和各条边线的空间三维曲线不易精准定位，给最终的合拢带来误差。同时合拢段吊装作业高度达 150m 作业高度，两肢合拢口不在同一轴线且不是水平面合拢，合拢施工难度大（图 18）。

图 18　桥塔合拢段施工

应对策略：钢塔采取对称逐段安装的方式，钢塔两肢均匀对称上升。安装过程中应用三维扫描技术对两肢顶面高程、截面位移偏差、截面扭转偏差等数据进行监测和数据分析，综合评估桥塔两肢线型、合拢口位置、合拢段最终控制位型姿态。根据合拢段架设前塔柱两肢间的距离及其三维空间形状，通过 BIM 技术模拟确定实际加工节段配切量，如图 19、图 20 所示，以确保塔柱顺利合拢。

图 19　合拢段配切

1.3.8　承接设计三维模型、转化三维模型信息难题

永定河大桥运用非一致曲率曲线形成的空间弯扭钢塔及变截面钢梁给施工和施工深化带来了巨大的困难。工程结构的高、矮双塔由不规则空间弯扭构件组成，传统二维图纸表达方法几乎无法完成工程的设计任务，设计单位从设计伊始采用三维设计技术展开工程设计，如图 21 所示，因此要求施工参与单位应有较强的三维建模软件使用能力，能够熟练地运用建模技术在设计模型的基础上转化三维设计成果，并以此为基础展开工程制造和施工深化工作。

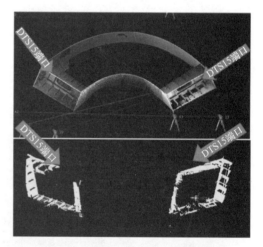

图 20　合拢段与合拢口三维扫描云图

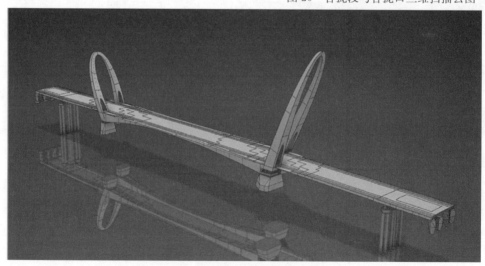

图 21　永定河大桥三维设计模型

应对策略：项目团队通过调研，结合项目实际特点和需求分析，选择了适宜的软件、硬件，进行长时间的专业性的人员培训。项目搭建了 BIM 协同工作平台，制定了项目 BIM 应用标准、流程和制度，将技术融入日常项目管理中，保障了 BIM 工作的顺利实施，实现了总承包单位内各部门到专业分包全员参与、信息共享。

2　BIM 实施组织策划

2.1　BIM 应用目标

永定河大桥工程设计特点突出，施工难点多、难度大。同时涉及施工要素众多，施工场地环境复杂，水文、物理场对施工活动影响大，仅凭传统设计方法与施工技术，无法满足高精度设计、施工如此复杂桥梁工程的需求。因此 BIM 技术在永定河大桥项目的施工中起到了无法替代、举足轻重的作用。

针对本项目的工程特点及重难点，BIM 应用实施目标如下：

（1）通过设计模型高精度转化加工图纸，实现高精度工厂化制造，保证高精度现场装配施工的实施。

（2）通过设计模型深化，形成一种设计模型、施工模型、力学分析模型的模型转换方法，构建一套钢结构桥数字化模型系统管理的方法和技术。

（3）根据设计多向曲面模型与加工完成后的三维扫描模型对比，确定曲板加工误差，形成一套多向曲面构件制造质量的验收方法。

（4）通过研究虚拟预拼装技术、安装模拟技术、高精度就位技术相结合，真正实现钢结构桥梁节段的数字化安装，形成一套钢结构桥梁数字化智慧建造的方法和技术。

（5）运用三维模型 BIM 仿真技术，实现复杂工程技术方案的施工模拟，通过人机交互技术实现现场狭小空间作业可行性分析。

（6）通过构建集成项目质量管理、安全管理、进度计划管理、资源管理于一体的 4D-BIM 智能管理平台，实现各施工要素的实时过程控制、施工现场数据采集设备的集成以及数据分析与共享等功能。

2.2　BIM 应用范围

BIM 应用范围及应用内容见表 2。

BIM 应用范围及应用内容   表 2

应用阶段	序号	应用范围	应用内容
基础应用			
项目策划阶段	1	BIM 实施方案	依据各项标准编制、修订《BIM 实施方案》，包括实施策划和实施标准
	2	BIM 技术培训	对实施团队进行培训，实现对三维建模、三维扫描仪的使用及数据处理、BIM 集成平台应用等技术的熟练掌握
	3	项目难点 BIM 应用可行性分析、基础研究	根据项目需求探索新 BIM 应用技术，进行应用试验，展开技术工程应用方法研究，追踪 BIM 技术发展趋势，分析项目难点需求。策划应用新技术解决工程难点问题

续表

应用阶段	序号	应用范围	应用内容
基础应用			
项目策划阶段	4	搭建 BIM 集成工作平台	搭建 BIM 协同工作平台，实现了总承包单位内各部门到专业分包全员参与、信息共享，而且实现了业主、设计、施工质检的工作协同
施工阶段	5	设计模型的施工工艺深化	基于设计模型根据钢结构制造工艺需要进行施工模型的深化
	6	施工场地三维扫描	对复杂施工场地进行三维扫描，提取保存特征点模型
	7	异形节段吊耳设计	利用 BIM 技术的多可视维度和物理质点获取功能，进行吊耳的形式、尺寸及位置的高精度设计
	8	施工工艺/工序模拟	编制施工模拟、辅助专项方案编制及现场管理
	9	碰撞检测	施工各专业间、设计模型与施工方模型排他性检测
	10	可视化技术交底	展开可视化交底，辅助现场管理
	11	施工方案编制	提高施工方案编制水平，提高编制施工方案的可视维度
	12	质量、安全管理	采集现场数据，建立质量缺陷、安全风险、文明施工等数据资料，形成可追溯记录。形成验收信息、资料及可视化记录
	13	物料跟踪管理	结合二维码技术，对于场外预制构件状态的实时同步，在模型反馈中预制件的进度和状态
	14	设备跟踪管理	结合二维码技术，对于场内施工设备进行管理，反馈设备的运转情况、工作状态及维护保养情况
	15	工程资料管理	采集现场质量、安全、文明施工等数据，与模型即时关联，方便管理人员查找
	16	基于管理平台的应力应变检测	采集现场支架、主体工程、关键点位、敏感区域的应力应变等数据，与模型即时关联，方便管理人员查找，并实时记录存储数据
创新与示范应用			
	1	空间弯扭异型钢结构工程精度评价	应用三维扫描解决弯扭钢构件板单元多向曲板精度评价问题；构建实体节段空间模型拟合确定最终状态，实现精度评价，实现预拼装的精度评价
	2	空间倾斜弯扭钢塔线形精度控制	通过节段、预拼装、安装及设计的线形分析数据进行施工作业，同时进行安装前的虚拟安装工作，依据虚拟安装信息进行实体安装
	3	基于三维正向设计的施工模型深化	应用正向三维设计技术在设计模型基础上展开锚杆定位架、桥塔支架、异形桥跨结构支架、附属设施、工具工装等工程深化，直接建立施工模型，进而利用深化设计模型成果进行有限元分析、施工模拟、编制专项施工方案

2.3 组织机构及岗位职责

2.3.1 BIM 应用组织机构

项目成立以 BIM 组组长为首的 BIM 管理机构，并设置 BIM 总监及各负责部门模型、现场管理、生产加工负责人，如图 22 所示。

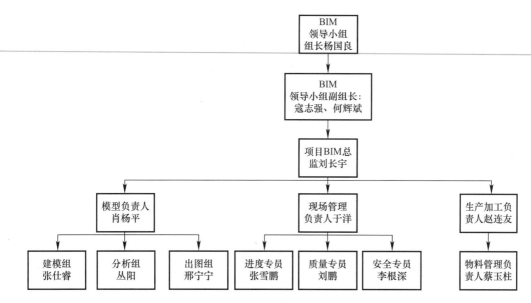

图 22　项目 BIM 应用组织机构图

2.3.2　BIM 应用岗位职责及人员配备

项目 BIM 应用岗位职责及人员配备见表 3。

项目 BIM 人员配置表　　　　　　　　　　　　　　　　　　表 3

序号	岗位	岗位职责	配备人数
1	BIM 项目负责人	全面负责项目 BIM 实施工作	1
2	项目 BIM 总监	全面负责项目 BIM 实施的技术工作	1
3	模型负责人	负责模型实施管理及协调工作	1
4	模型实施人员	建立模型、仿真分析及模型分析、模型处理、出图	4
5	现场管理负责人	负责现场进度、质量、安全与 BIM 管理平台协同工作	1
6	进度专员	主管 BIM 管理平台的进度系统	1
7	质量专员	主管 BIM 管理平台的质量系统	1
8	安全专员	主管 BIM 管理平台的安全系统	1
9	生产加工负责人	负责工程生产加工 BIM 协同工作	1
10	物料管理专员	全面负责物料管理系统	1

2.4　软硬件配备

2.4.1　软件配备

项目 BIM 实施软件配备情况见表 4。

2.4.2　硬件配备

项目 BIM 实施硬件配备情况见表 5。

软件配备表　　　　　　　　　　　　　　　　　　　表 4

序号	软件名称	版本	单机/协同	软件用途
1	CATIA	P3V5-6R2015	单机	实现工程 BIM 技术应用的基本环境
2	Abaqus	2018	单机	进行有限元分析
3	Tekla	19.0	单机	钢结构支架建模
4	Delmia	V5-6R2015	单机	实现了基于 CATIA 环境模拟仿真
5	Revit	2016	单机	临时工程、临时加工厂及管理平台内环境场地建模
6	Trimble Business Center	2017	单机	三维扫描技术应用中点云处理软件
7	Geomagic	2017	单机	点云逆向建模
8	Polyworks	2017	单机	高密度点云处理软件
9	4D-BIM		协同	智慧工地

硬件配备表　　　　　　　　　　　　　　　　　　　表 5

序号	设备名称	型号	数量	配置	用途
1	服务器	/	1	内存 24GB、CPU12 核 Xeon2.66G、硬盘 2T	4D-BIM 软件数据库
2	台式机	DellT7810	3	内存 32GB、CPU E5-2620 v4 8 核、硬盘 1T、M2000	现场办公、模型建立、信息填报
3	三维扫描仪	SX10	1	精度：1mm＋1.5ppm 测程：1m-5500m 测量速率：26.6kHz 视场：360°＊300°	三维扫描

2.5　项目 BIM 应用流程及管理制度

2.5.1　BIM 应用流程

项目 BIM 应用流程如图 23 所示。

2.5.2　BIM 应用管理制度

1. 会议制度

时间及地点：工程开始阶段每周项目部进行一次 BIM 应用例会、工程后期每半个月项目部进行一次 BIM 应用例会。

参会人员：BIM 组所有组员。

会议流程：各 BIM 工程师总结上周完成情况→BIM 组组长、副组长对完成情况进行点评→BIM 总监协调未解决问题→BIM 总监制定下一周工作计划→BIM 组组长总结

2. 奖罚制度

对有下列突出表现的团队时，可给予适当奖励：

1）每个月能定期完成既定任务，并保证模型正确率达 98％以上；

2）BIM 会议经常能提出建设性意见；

3）发表有关 BIM 的文章或论文，按发表杂志的等级进行奖励；

4）完成最终竣工模型。

对出现下列情形时，将给予适当处罚：

1）未能如期完成模型；

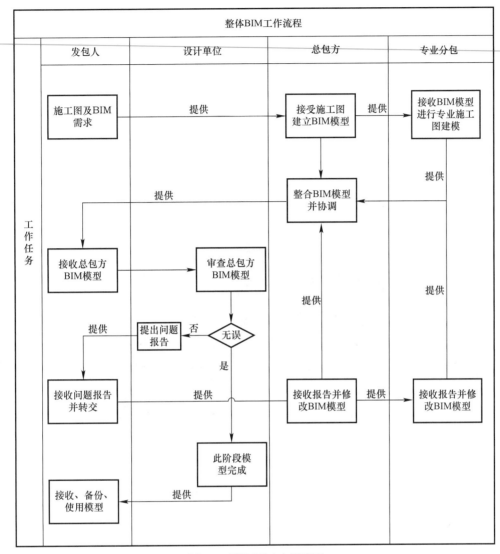

图 23　项目 BIM 应用流程

2）模型正确率低于 92%；

3）未经负责人同意擅自将模型成果交予他人；

3. 模型协调管理

BIM 工程师按计划完成该阶段施工 BIM 模型后，交给模型负责人进行审查，由审查结果反推至目标模型，图纸进行完善。施工期模型检查内容、要点及频率见表 6。BIM 模型根据现场施工进度完成出图，现场管理负责人及生产加工负责人根据 BIM 图纸完成现场加工及生产，并做好进度、质量、安全把控。

施工期模型检查内容、要点及频率　　　　　　　　表 6

检查内容	检查要点		检查频率
施工模型更新	是否按照进度进行模型更新	模型是否符合要求	每月
设计变更	设计变更是否得到确认	模型是否符合要求	每月
变更工程量	变更工程量是否正确	模型是否符合要求	每月

3 创新与示范应用

3.1 基于BIM的空间弯扭异型钢结构三维扫描检验技术

3.1.1 应用需求

永定河大桥的建筑造型应用了大量的双曲率曲线体，实现了优美流畅的建筑外形，如图24所示，由于大桥与永定河斜交引起的大桥同轴线左右支墩的前后错距布置，带来了桥塔弯扭状态的加剧，大桥的线型呈现出极强的弯扭造型，极具视觉冲击感，但也给工程建造带来了难题。

图24　永定河大桥桥塔空中俯视图

为解决异型弯扭双曲率曲板验收的难题，提高工程曲板、块体及截段制造精度评价水平，项目利用基于BIM的空间弯扭异型钢结构三维扫描检验技术，对三维扫描仪器性能、仪器架设与操作、三维数据收集与处理、验收体系的建立进行了一系列深入的研究，提出了三维扫描设备的指标要求，建立了对结构曲面及结构体扫描的工艺体系，形成了与现行结构验收体系相适的满足异型结构误差精度评价的验收标准。

3.1.2 应用内容

（1）设备选择

首先根据扫描钢结构的尺寸、角度范围，选择了合适的扫描设备。通过前期调研与试验，项目规定扫描设备精度不小于1mm@50m。

（2）测站与靶标设置

项目对钢结构曲面（体）三维扫描作出基本规定，要求尽量减少测站转站数，保证入射角度不小于45°，仪器设站处基础平整稳固，保证整个扫描过程中无震动，构件特征点与测量控制点处设置靶标，纸质、球形靶标采用如图25所示靶标，为数据采集做好相应准备。

在扫描作业前将靶标点的扫描结果与全站仪进行校核，偏差不大于1mm。如图26所示。

图 25　靶标形式图

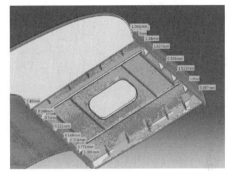

图 26　永定河大桥弯扭节段三维扫描

（3）数据处理方法与提取原则

目前三维扫描多站扫描拼接常用方法有三种，分别是基准点拼接法、最小二乘法拼接法、特征点拼接法。根据试验与文献检索成果，项目对各方法应用进行了规定：①基准点拼接法：要求（按导线点的布设要求）基准点设置不少于 3 个；②最小二乘法拼接法：每站扫描重合率的要求大于 60%；③特征点拼接法：在目标物上设置 3 个特征点，每站扫描都要通视 3 个特征点。同时项目确定了扫描数据提取原则，即在点云状态下提取数据，点云状态下无法提取的，进行逆向工程后提取。

（4）板单元扫描及钢节段扫描的标准化

在完成上述工作后，对板单元、钢节段扫描进行了具体的标准化规定。如图 27、图 28 所示。

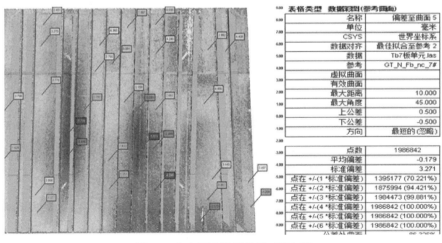

图 27　永定河大桥板单元三维扫描

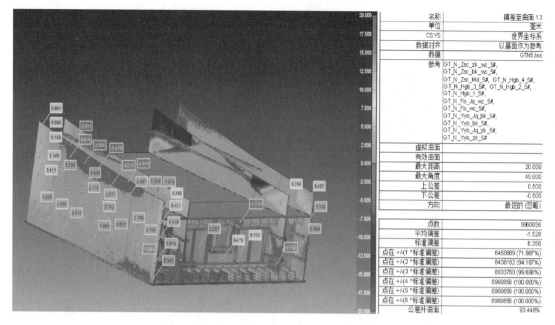

图 28　永定河大桥板节段三维扫描

　　板单元三维扫描先确定扫描对象，尽可能选择不带肋的面，以最大可能保证扫描后数据分析的精度，只有在不具备条件时可选择带肋面。测量控制点选择在成型控制点中心半径 200mm 内，测站数不大于 3 站，板单元扫描数据采用基准点拼接法，扫描数据应在点云数据进行提取。

　　钢节段三维扫描先定扫描对象，选取未被遮挡的顶面与两个侧面，测量点选择在三个壁板的中心线上，均布四个测量点，测站数不大于 5 站，钢节段扫描数据尽可能采用基准点拼接法，无法使用时，可采用最小二乘法拼接完成数据拼接工作。测量点的扫描数据从点云状态下提取，端口尺寸、端口平整度、端口与轴线夹角数据的提取可采用逆向工程提取。

　　（5）基于三维扫描的质量检验与验收的基本规定

　　① 质量检验与验收应包括板单元与钢结构节段的特征点、测量点、点云数据与设计模型的偏差，并划分为主控项目和一般项目两类；

　　② 板单元、钢结构节段的三维扫描质量检验与验收项目分为主控项目和一般项目。板单元、钢结构节段的特征点和测量点数据全数检查，检查方法为靶标提取数据与设计模型数据进行对比。特征点偏差为主要项目，测量点偏差和点云色谱图为常规项目；

　　③ 扫描数据提取原则是在点云状态下提取数据，点云状态下无法提取的，进行逆向工程后进行提取；

　　④ 通过删除噪点、删除与扫描对象无关的点云进行数据整理。

　　（6）板单元、钢节段质量检验与验收的标准化规定

　　板单元验收项目包括：特征点间距（具体如长、宽、高等）；板单元成型控制点坐标；扫描面轮廓度见表 7，其中确定了板单元验收主要项目包括特征点间距（包括长、宽、对角线长度）、板单元成型控制点坐标为主控项目，扫描面轮廓度为一般项目。

板单元质量检验与验收主控项目表　　　　表 7

项目		允许偏差（mm）	简图
特征点间距	长	≤3.0	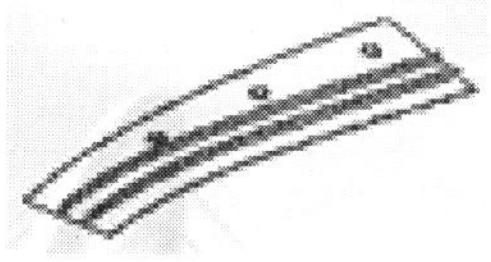 （板端、每道横隔板处设3个测点）
	宽	≤2.0	
	横向平面度	≤3.0	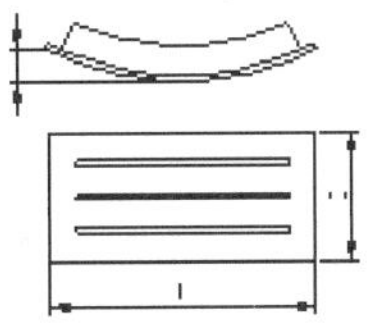
	纵向弯曲矢高 f	±4.0	
板单元成型控制点	控制点高程	≤3.0	

钢节段质量检验与验收项目包括：特征点间距（长、宽、高、对角线长度）；扫描面轮廓度见表8。其中特征点间距为验收主控项目，常规项目扫描面轮廓度为一般项目。

钢节段质量检验与验收主要项目表　　　　表 8

项目	允许偏差（mm）	简图
高度	±2.0	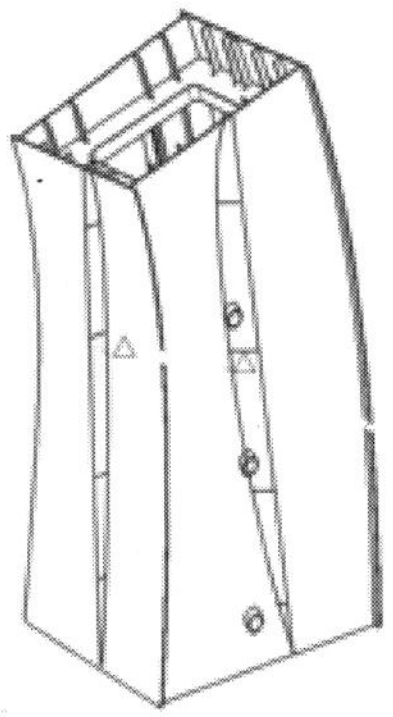
断面尺寸	端口：±2.0 其他：±4.0	
端面平面与轴线夹角	<20″	
端面的平面	±2.0	
两端口特征点（每端口每个壁板3点）坐标偏差	≤3.0	
纵横向旁弯△（纵基线处特征点旁弯）	≤4.0	
四个壁板中线点连线偏差	4mm	

3.1.3　应用流程

空间弯扭异型钢结构工程精度评价流程如图29所示。

3.1.4　应用小结

永定河大桥曲板的高精度制造是大桥高精度建造的基础，曲板的高精度验收方法尤其重要。项目创新应用"空间弯扭异型钢结构三维扫描检验技术"，能够准确评估曲板的曲线精度，从技术上有效提高了对于异形结构线型评价的手段，很好地补充了目前国内现行标准《钢结构工程施工质量验收规范》（GB 50205）对钢塔曲板验收精度的规定要求。工程建造结果表明，此次应用BIM技术对于异形结构的曲线线型验收是可行的，且精度是满足工程建造要求的。

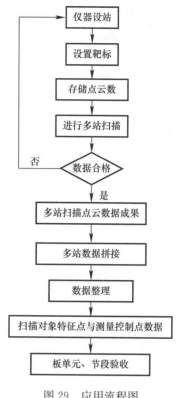

图 29　应用流程图

3.2　基于 BIM 的三维扫描技术虚拟安装及线形控制

3.2.1　应用需求

本项目采用了特殊的结构形式，节段吊装空间位型控制难度大、精度要求高。项目利用高精度测控及计算机辅助技术，根据设计模型安装过程的正装倒拆，分析得出预抛高数值及实际安装后存在的差异，并以最后一个阶段安装完成达到设计位置为预设条件，计算提取节段架设目标值，实现扭曲钢塔异型结构空间位型的精度控制，保证工程建设的线型控制。如图 30、图 31 所示。

3.2.2　应用内容

（1）虚拟预拼装的前置工作

① 预拼装方案的制定

根据实际工程量、构件结构情况、制作周期和扫描任务量等重要因素，制定拼装方案。在方案制定过程中，事先收集工艺设计图纸与三维设计模型，每个构件、节段至少获得 3 个定位点位置信息。

② 外业点云采集

在预拼装过程中，靶标分为拼接靶标和预拼标靶。两者位置的变化需要随时反映在扫描方案的草图中，以便后续出现标靶异常情况时进行查证。拼接靶标是两站之间拼接的重

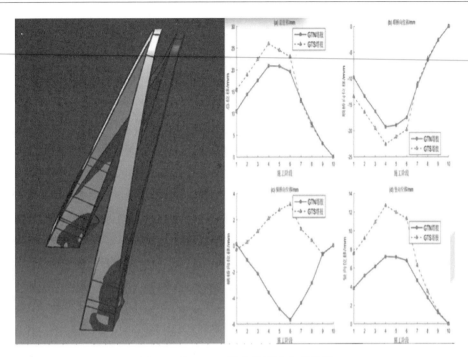

图 30 基于 BIM 技术的桥塔变形分析

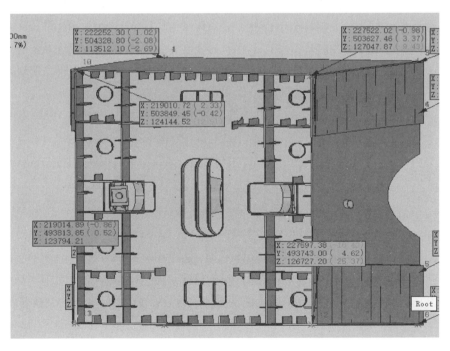

图 31 永定河大桥 8 号节段目标值提取

要依据，选择稳定、方便观测的地点设立标靶。2 个标靶应拉开距离，以便提升拼接精度，如在测量过程中需要增加标靶，可在某一站位置获取共用标靶后，再次获取新增标靶，在下一站再次扫描新增标靶，确保两站之间正常拼接，一般两站之间的拼接靶标为 2次。预拼装标靶是在构件定位点上粘贴的纸标靶，其特征参数与拼接标靶相同，其与拼接标靶同步扫描但要分开命名，预拼装标靶可以根据实际需求设置 3～5 枚。

启动扫描作业后仪器处于闭环系统，仪器会自动旋转扫描，可通过设置进行局部精细扫描（拍照），构件扫描作业完成后再进行标靶的扫描，可以用于建立三维模型的纹理映射。

③ 点云数据处理

本项目内业模型处理软件采用莱卡点云处理软件、catia 软件，主要进行模型输出、坐标建立、虚拟拼装和分析对比四部分内容。

在点云处理软件中，利用拼接靶标自动将不同测站扫描得到的点云数据拼接成一体构件的完整点云模型，利用软件自动去除重复冗余的点云数据。在保证构件数据完整性的情况下，进行降噪处理，将与构件本体无关的点云数据删除，再对构件的点云模型按照比例抽稀输出，输出的点云模型格式众多，本项目选择使用 LAS 文件格式。按照预拼装分组情况，依次在设计模型中找到预拼装拼接法所需拼接点（即构件定位拼接特征点）坐标值并按顺序输入文档中，其间始终要求操作者对坐标点的命名和预拼装拼接点要保持一致。

在莱卡点云处理软件中，重新将分组完成的构件点云模型和与之对应的坐标值文件导入软件，程序将按照拼接点坐标数据利用拼接法以最小综合误差自动坐落于系统中，自动完成模型的拼接。

在钢节段扫描模拟预拼装时数据一般采用基准点拼接法，当无法使用时，用最小二乘法完成拼接，进而根据节段三维扫描点云数据逆向建模，从而建立各节段端口最佳拟合平面，对各端口外轮廓点投影到各相应拟合平面。将下节段上端口最佳拟合面与上截段下端口最佳拟合面进行相合，进而将下节段上端面外轮廓投影，将点与上截段下端面外轮廓投影点按照最小二乘法原理进行优化。测量点数据应采用点云数据进行提取，端口尺寸、端口平整度、端口与轴线夹角数据的提取可采用逆向工程提取。将点云分析软件虚拟预拼装成果导入 catia 软件，进行节段偏差、节段预拼装轴线偏差分析，以设计模型为基准进行数据分析工作。

（2）扫描三维点云数据的使用

① 逆向建模、提取关键数据

以节段三维扫描点云数据逆向构建数字模型，建立各节段端口拟合平面，通过对三维模型高精度辨识特征点并提取钢构件特征点、线、面。

② 虚拟预拼装

通过实测的钢结构空间模型同 BIM 模型空间数据的快速交融及高效处理，对钢构件激光点云重构并通过逆向工程获得其实际模型与相关的多向设计模型采用最小二乘法与坐标系转化法两种方式相互校核进行虚拟预拼装，确保虚拟预拼装的精度形成完善的预拼装技术。

（3）架设数据分析

① 基于虚拟预拼装的数据分析

基于虚拟预拼装技术，可以预置最后一个阶段安装完成后达到设计位置为条件按照每一阶段预抛高位置进行数值模拟确定其在安装后的理论位置，通过卡尔曼滤波法对实际误差进行下一阶段计算值的改正，最后实现预抛高的线型控制。采集上口四点坐标，通过其计算节段型心位置与预抛高计算模型型心位置对比得到修正值对下阶段安装预抛值进行修正。精确分析节段就位数据与桥塔线型的变化，计算提取节段架设目标值。

② 数据误差分析与可靠性分析

对坐标法和拼接法两种点云数据处理方法进行评估、误差分析和点云数据可靠性分析的研究，实现精确分析节段就位数据与桥塔线型的变化，计算提取节段架设目标值，确保设计线型的实现；实现通过扭曲钢塔高精度架设，激光点云重构，利用点云快速制作平面图、立面图和剖面图，精确获取拼装端口的空间数据；实现合拢段配切量的精确计算，如图 32 所示。

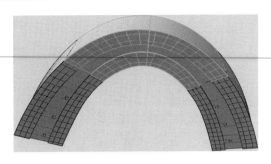

图 32 合拢段 GTNS、GTN15、GTS15
节段进行拟合分析计算配切量

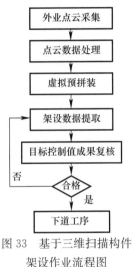

图 33 基于三维扫描构件
架设作业流程图

3.2.3 应用流程

空间倾斜弯扭钢塔线型精度控制流程如图 33 所示。

3.2.4 应用小结

项目应用基于 BIM 的三维扫描技术虚拟安装及线形控制方法解决了永定河大桥建造实际问题。在工程建造的过程中，项目建设监控单位运用数学计算的方法对工程线形与各节段目标值进行计算，对项目运用自研技术取得的节段架设目标值进行复核。结果表明，两种不同路径数据提取方法的结论一致，从其他角度印证了该方法对工程目标值确定、线型控制的精度水平控制的可靠性。经测控单位测算，永定河大桥架设控制精度达到了 $H/6000$，远高于设计提出的 $H/4000$ 的控制标准。

3.3 基于三维正向设计的施工模型深化

3.3.1 应用需求

正向三维设计技术经过三维数字技术的发展并应用于施工领域，提高了施工单位的深化水平，尤其在结构、体系、环境复杂等难度较大的工程应用效果更为显著。本项目的塔支架设计、异型节段吊耳设计以及钢拉杆定位架设计等重难点工程的施工设计深化复杂，施工难度大，传统施工深化方法不能满足工程建造的需要。因此，项目团队采用正向三维设计技术开展了上述施工深化的工作，以下以大桥基座预埋钢拉杆定位架的应用为例介绍基于正向设计的施工模型深化。

3.3.2 应用内容

（1）工程难点及需求分析

长安街西延永定河大桥最大跨径 280m，钢塔与基座的连接采用了钢拉杆的锚固型式，塔梁墩固结结构南、北各有一个基座，每个基座预埋 85 根钢拉杆（长 8m，直径 85mm），节段安装时须穿过两层锚孔（孔径 130mm），配合间隙为 22.5mm。要保证群杆能顺利穿群孔，使得节段顺利就位，难度非常大，钢拉杆安装精度直接影响高塔首节段安装。

图34 首节段吊装套穿预埋钢拉杆

首节段吊装群孔套穿群锚的过程如图34所示。

钢拉杆作为柔性结构，在埋设于图35所示的混凝土基础结构中时，需要设置一个定位架以保证钢拉杆的垂直度及平面位置。因此，定位架应满足一定强度、刚度、稳定性，避免因基础混凝土浇筑、冲击、人员施工荷载发生变形移位。由于工程合同段划分的原因，基座混凝土工程及其内部钢筋工程与钢拉杆预埋分属两个标段的不同施工单位，又从组织与控制方面为钢拉杆精确施工带来了极为不利的影响。

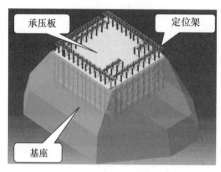
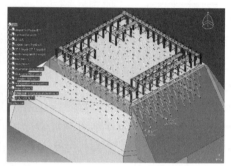

图35 永定河大桥基座结构模型

（2）基于设计模型提取相关信息

永定河大桥全桥采用BIM三维设计，项目在此基础上实现工程信息的传递与施工模型的深化。项目施工团队依托图36所示的设计钢拉杆模型，在此模型基础上展开深化工

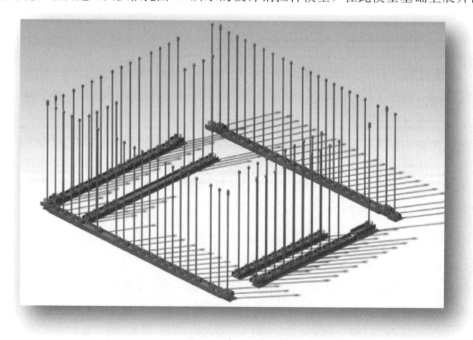

图36 基座预埋钢拉杆设计模型

作。设计模型包含了所有的几何信息、标高、平面位置坐标等数字信息,在施工深化过程中可根据需要任意提取。

（3）钢拉杆定位架的三维工程设计

在确定锚拉杆安装位型后,围绕锚拉杆的工程要求和安装环境展开定位架工程设计。完成定位架各组成部分的零件参数,完成定位架地脚、锚杆预埋反力梁、定位架立杆、定位架斜撑、定位板等部分的三维模型。如图37～图39所示各种零件均包含材质及物理尺寸信息。

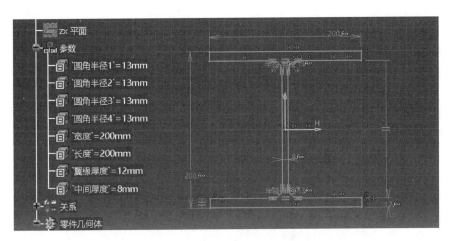

图 37　三维设计成果加工图转换

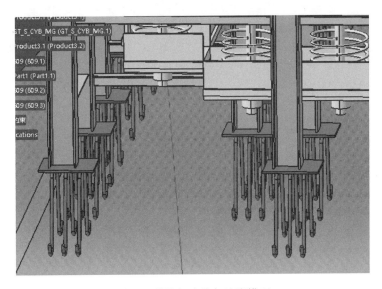

图 38　锚拉杆定位架地脚模型

（4）虚拟拼装及施工辅助装置

在所有结构构件设计完成后进行虚拟拼装,讨论并确定安装工序细节及所需的施工辅助装置的细节设计,如反力梁预埋槽钢安装、定位架主体安装、定位板安装的工艺方法、安装工装的设计,并进行虚拟拼装,验证安装工艺,如图40、图41所示。

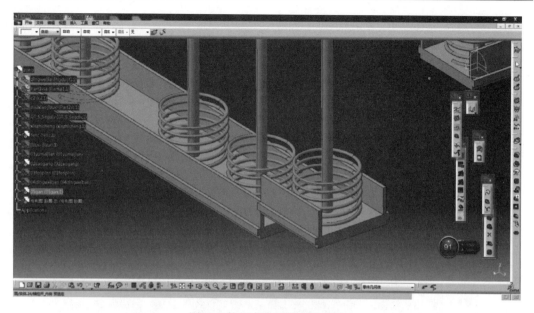

图 39　拉杆定位架反力梁模型

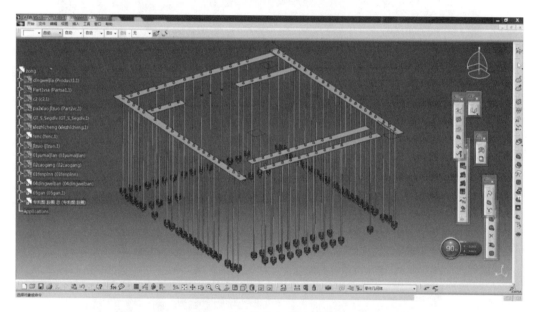

图 40　拉杆定位架定位板模型

（5）锁定设计模型

完成工艺验证后进行钢拉杆定位架与墩台混凝土工程、钢筋工程和模板工程的碰撞检测以及定位架架体的有限元分析，如图42、图43所示，符合要求即锁定设计模型。

（6）要素、数据的提取，加工生产

在上述基础上实现锚杆定位架施工各控制要素和物理信息的提取，指导定位架加工，并根据施工现场需要提取，如平面位置坐标、构件控制点高程等施工控制数据，作为后续工作和节段吊装施工的技术深化工作、钢结构制造与偏差分析的基础。

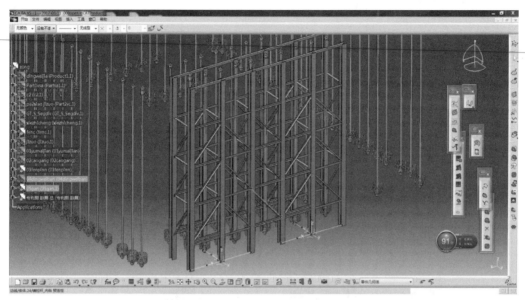

图 41　拉杆定位架一品拼装架体模型

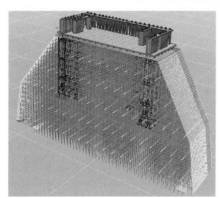

图 42　定位架与基座钢筋及结构的碰撞检测

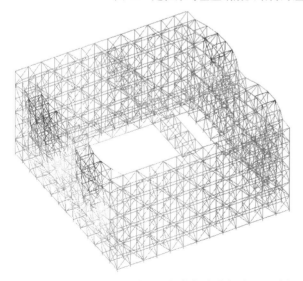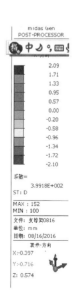

图 43　锚拉杆定位架有限元分析云图

（7）三维数字交底

三维交底的方式将工序直观、完整、精细地体现出来，尤其对于非常规工程，可以使得工作人员、管理人员对需要把控的重点一目了然。项目团队运用三维数字交底，展开如图 44～图 45 所示定位架材料选择、加工、安装的工作。

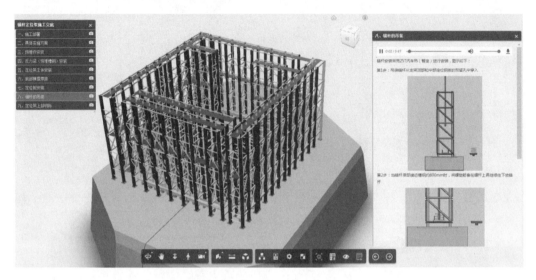

图 44　三维数字交底界面

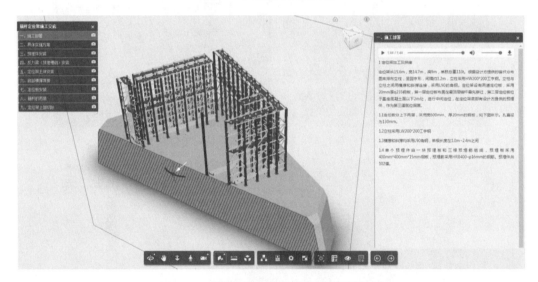

图 45　观者可根据需要进行任意剖面的切剖

（8）现场实施

在实际施工中，顺利且高精度地完成了钢拉杆定位架的生产加工与定位安装，避免了相邻标段交叉施工所带来的影响，为后续首节段吊装承压板群孔套群锚工程难题的顺利完成奠定了基础，顺利实现了桥塔首节段吊装。通过测量使现场钢拉杆与承压板匹配正确，匹配精度偏差评估准确，孔位偏差平均值达到 18.4mm，小于设计平均值 22.5mm，如图 47、图 48 所示。

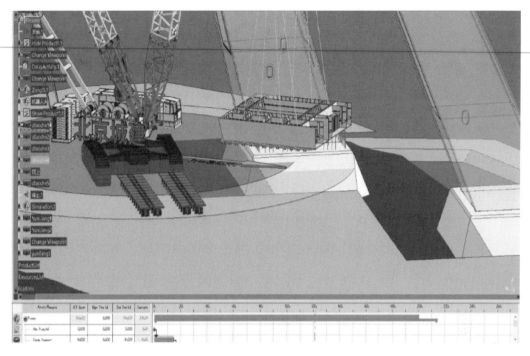

图 46　首节段吊装模拟

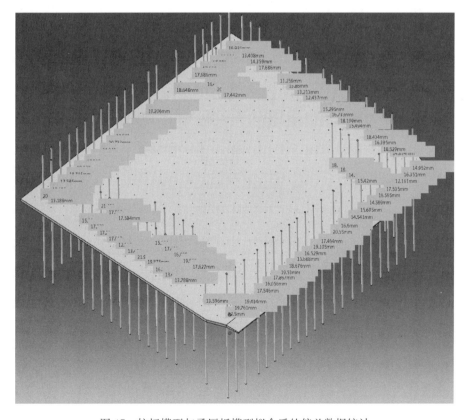

图 47　拉杆模型与承压板模型拟合后的偏差数据统计

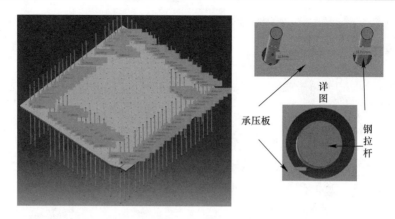

图 48   永定河大桥群锚、群孔偏差分析

3.3.3   应用流程

基于三维正向设计的施工模型深化流程如图 49 所示。

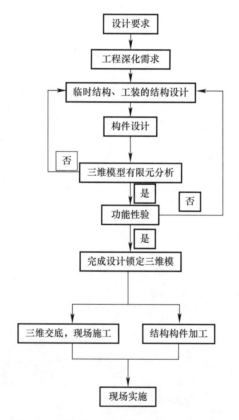

图 49   基于正向三维设计的施工深化流程图

3.3.4   应用小结

项目在锚杆定位架施工深化工作中应用了三维正向设计技术，并在钢塔支撑架系统、

主梁支撑架系统、支座逆向安装工装系统、工程安全设施布放设计、桥塔爬梯工程设计以及各种施工附属设施的深化设计中得到充分应用，提升了设计和施工效率，获得了很好的应用效果。

4　BIM 应用总结

4.1　应用效果

项目团队将基于 BIM 技术自主创新的"空间弯扭异型钢结构三维扫描检验技术"和"基于三维扫描技术的虚拟安装及线形控制的方法"两项技术，作为永定河大桥建造核心技术，在曲板验收、吊装目标值提取、截段制造精度评价以及结构建造线型控制等方面进行了实践，有效提升了工程安全、质量及管理效率，并出具数据报告上百份，为永定河大桥的高精度建造奠定了坚实的基础。项目实施过程中应用正向三维技术进行施工深化，全桥吊装节段实现一次入位成功率 100%，并实现高精度就位，所有吊装截段就位偏差均符合设计要求，桥梁线型控制精度远高于设计要求指标。此外，按照传统安装工艺施工预计每节段完成起吊至下段吊装循环平均需 15 天，项目通过应用 BIM 技术辅助安装施工，将平均每节段完成一个工作循环所需时间缩短为 13.8 天，提高了施工速度。

4.2　经验体会

BIM 技术应用不仅要提高应用水平、应用维度，更是一个系统工程，需要在顶层设计中对项目规划、设计、施工、制造、运维的 BIM 应用有系统的统筹考虑和预设研究。永定河大桥项目从初设开始就由甲方单位主导，并由设计院牵头开展正向设计，各项目参与单位也在统一的技术路径下以设计模型为核心展开各自工作，攻破各自难题，实现了各自任务目标。甲方单位给予的规范性指导，有力提升了项目 BIM 技术应用深度。

三维数字模型设计、数字仿真技术及三维扫描技术、数字模拟三维扫描虚拟预拼装技术的应用，不仅可有效提升异形钢结构生产制造水平，而且对于实现设计意图、提升设计及施工水平，以及验收控制手段的创新具有重要意义。

通过永定河大桥工程实践，项目团队基于 BIM 技术形成了一套针对空间异形、扭曲钢结构工程建造的解决方案，为智慧建造在钢结构工程中的应用和发展提供了有力的技术支撑。

随着中国城市化进程的加快和经济的迅速发展，未来大型场馆、交通枢纽、工业厂房以及商务高层建筑的投资将不断加速，中国钢结构的市场规模还将稳步增长，BIM 等信息技术的应用将有效提升工程项目建造水平，为行业高质量发展赋能。

案例二 北京新机场航站楼及综合换乘中心（核心区）工程

1 项目概况

1.1 项目基本情况

北京新机场属国家重点工程，位于永定河北岸，北京市大兴区礼贤镇、榆垡镇和河北省廊坊市广阳区之间，北距天安门 46km，西距京九铁路 4.3km，南距永定河北岸大堤约 1km，距首都机场 67km，现场地形平坦开阔，除少数的民居、企业外，多为耕地、果园和林地。位置如图 1 所示。

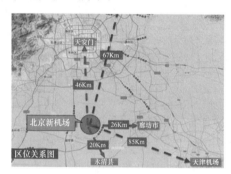

图 1 新机场位置示意图

北京新机场为大型国际航空枢纽，本期按 2025 年旅客吞吐量 7200 万人次、货邮吞吐量 200 万吨、飞机起降量 62 万架次的目标设计，建设 4 条跑道、80 万 m² 航站楼、40 万 m² 的停车楼及综合服务楼、5.2 万 m² 的双层高架桥及相应的货运、空管、航油、航食、市政配套、综合交通枢纽等生产生活设施。北京新机场建设秉承功能优先的原则，以运营顺畅、方便旅客、节能环保为目标，将新机场建成国际一流、世界领先，代表新世纪、新水平的标志性工程。如图 2、图 3 所示。

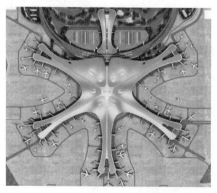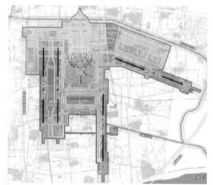

图 2 新机场一期规划示意图

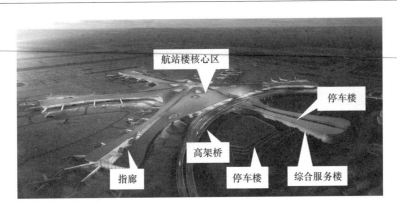

图3 新机场整体效果图

航站楼核心区为整个航站楼的主要功能区，地下二层、地上五层，地下二层为高速铁路通道、地铁及轻轨通道的咽喉区段，地下一层为行李传送通道、机电管廊系统和预留的 APM 捷运通道，地上一层至五层主要为进港、出港、办票、安检、行李提取等功能区。如图4所示。

图4 航站楼立体楼层关系图

1.2 参建单位情况

工程主要参建单位见表1。

主要参建单位 表1

单位类别	单位名称
建设单位	北京新机场建设指挥部
施工单位	北京城建集团有限责任公司
监理单位	北京市华城建设监理有限责任公司
设计单位	北京市建筑设计研究院有限责任公司
勘察单位	北京市地质工程勘察院

1.3 项目重难点

1.3.1 工程规模大

北京新机场航站楼及综合换乘中心（核心区）工程建设规模十分巨大，其建筑面积约 60 万 m^2，混凝土量达 105 万 m^3，屋面投影面积约 18 万 m^2，钢结构总用钢量达 10 万吨。机电专业包含了 37 个大系统，仅电气高低压柜近 500 台，电缆约 950km，灯具约 12000 套，空调机组多达 545 台。

1.3.2 造型新颖复杂

（1）北京新机场航站楼是英国女建筑师扎哈·哈迪德与巴黎机场集团建筑设计公司 AD-PI 共同参与设计的方案。金属屋面屋盖最高点达 50m，向周边起伏下降至指廊端部 25m。

（2）投影 18 万 m^2 的航站楼钢屋盖为曲面空间网架结构，由 8 组 C 型柱和 12 组支撑筒、6 根钢管柱以及五组幕墙柱支撑，屋盖跨度为 180m，节点复杂。支撑屋盖的 C 型柱呈 C 型树状造型，造型十分别致，C 型柱顶与屋盖连接节点处高材质达 Q460GJC，厚板使用量大，最大厚度达 60mm。

（3）楼前屋盖悬挑长度达 47m，在中心轴部位通过弯扭的门头柱落地，造型新颖，大跨度挑檐及门头柱安装难度大。

（4）屋盖中心及分块之间为天窗带，结构型式与区域屋盖不同，最大跨度为 80m。整体屋盖受力体系复杂，如何安装、合拢和卸载，确保屋盖的受力满足设计要求十分关键。

（5）屋面体系由金属屋面和装饰铝板组成，是体现屋盖完美造型的重要环节，需保证 18 万 m^2 屋面板铺设美观并满足防漏防风高标准要求，任务十分艰巨。

1.3.3 功能先进、系统复杂

机电工程功能先进、系统复杂、专业繁多，6 个分部工程支撑民航信息弱电的六大数据交换平台 38 个子系统、PCR 及 TOC 等信息机房工程的稳定运行，保障 13 座值机岛、260 个值机柜台、72 个安检口的高效运营，满足先期每年 4500 万人次的进出港要求。双层出发、双层到达行李系统，以及地下一层换乘中心前列式值机区和地下二层的行李中转机房、49 个行李分拣处理转盘等构筑起规模巨大、性能先进的行李工程，保持着近期年平均 4500 万件旅客货物分拣处理能力。机电系统高度集成化，以满足与高铁、地铁、停车场无缝换乘的机电系统需求。穿越隔震层机电管线施工技术和抗震支架技术等满足核心区 8 度抗震设防要求。采用大量辐射供冷供热系统、飞机预制冷热空调系统等新技术，打造出一个功能强大、技术先进、绿色环保、世界领先的国际大型机场。

1.3.4 隔震系统施工难度大

由于中心区结构超长、超大、钢结构复杂，同时航站楼下部高铁通过，涉及减震、隔震问题，因此中心区采用隔震技术，在 ±0.000 楼板下设置 1152 套隔震支座，入口连桥下设 80 套隔震支座，结构施工难度大。隔震系统将上下混凝土结构分开，节点处理非常复杂。

1.3.5　精装大吊顶

航站楼屋面大吊顶天花包括大曲率、小曲率、C型柱、采光顶四个部分，采用15mm厚蜂窝铝板吊顶。屋面大吊顶曲面具有网架变形较大、球节点位置存在施工误差、空间结构复杂、吊顶吊点测量和定位困难等特点。其中球型网架跨度最大超过11m，球体直径最大超过900mm，转换层施工技术及施工增加了难度，吊顶高度最高超过40m，安全要求高；C型柱板面基本为双曲面，材料生产及施工难度加大。

1.3.6　多标段同时施工，交叉影响大

本期新机场工程分为三个标段，分别为核心区（Ⅱ标段）、指廊（Ⅲ标段）、综合服务楼和停车楼（Ⅳ标段），三个标段基本同步组织施工，同时，航站楼外围的站坪也在同步施工，工程相互之间的交叉影响非常大。

2　BIM 实施组织策划

2.1　BIM 应用目标

综合考虑北京新机场项目的施工难点，以及项目造型复杂、体量大、机电管线复杂等特性，拟计划采用三维可视化的BIM技术，进行各专业的深化设计、施工模拟和施工过程组织协调管理等应用，以解决传统二维图纸无法表达复杂建筑、复杂施工节点安装、多专业交叉协调管理等困难。应用BIM技术的主要目标为：

（1）利用BIM技术辅助各专业深化设计及管线综合，形成全专业的深化设计BIM模型，并进行全专业综合协调检查，提高深化设计工作质量和效率，减少由设计问题对施工的影响。

（2）利用BIM技术，对各专业施工复杂节点的施工工序进行模拟，并进行可视化交底，确保复杂部位安装一次成活，提高施工技术、安全、质量管理水平。

（3）选择较为成熟的基于BIM的管理平台，收集整理项目动态管理信息，配合提高项目商务运行能力。将BIM模型与施工现场管理紧密结合，实现基于BIM的进度、成本、竣工交付等现场管理工作，提高对各专业分包及独立承包的管理水平和现场协调管理能力。

（4）以自有BIM力量为主实施，实现项目、集团公司两级的BIM应用能力持续增长，服务于集团实现十三五规划。

2.2　BIM 应用范围

工程BIM应用范围见表2。

BIM 应用范围　　　　　　　　　　　　　　　　　　表2

应用阶段	应用范围
项目策划阶段	BIM 策划
	制定管理标准和应用标准

续表

应用阶段	应用范围
项目策划阶段	人员培训
	施工场地布置
	创建 BIM 样板文件
	创建项目族库
	建模与初步模型检查
	BIM 辅助图纸会审
施工阶段	桩基精细化管理
	碰撞检查
	施工工艺/工序模拟
	可视化施工方案与技术交底
	节点深化设计
	BIM 施工样板
	二次结构深化设计
	钢结构深化设计
	精装修 BIM 样板
	机电管线综合排布
	机电管线抗、隔震技术研究
	机房优化与安装
	综合管廊优化与安装
	机房模块化预制安装技术研究
	IBMS 智能楼宇管控系统
	基于 BIM 平台的工程进度、质量、安全管理
	基于 BIM＋物联网等信息技术的智慧建造
竣工交付阶段	BIM 模型维护与移交

2.3 组织机构及岗位职责

2.3.1 BIM 组织机构

本工程 BIM 实施由项目经理牵头，建立 BIM 工作室，接收施工图，建立施工图模型，对合约范围内的施工图 BIM 模型细化深化设计，并进行校核和调整，将施工图 BIM 模型细化为深化设计模型。在施工过程中及时更新，集成项目管理信息，成为施工过程模型。统筹管理各分包方 BIM 团队施工深化设计模型和施工过程模型，方便各专业间模型互用。按照专业组建 BIM 应用工作组，各专业 BIM 工程师要求具有专业的施工管理工作经验及丰富的 BIM 应用经验，每个专业 BIM 工程师的数量根据现场需要进行调整。BIM 组织机构如图 5 所示。

2.3.2 BIM 应用岗位职责及人员配备

项目 BIM 应用岗位职责及人员配备见表 3。

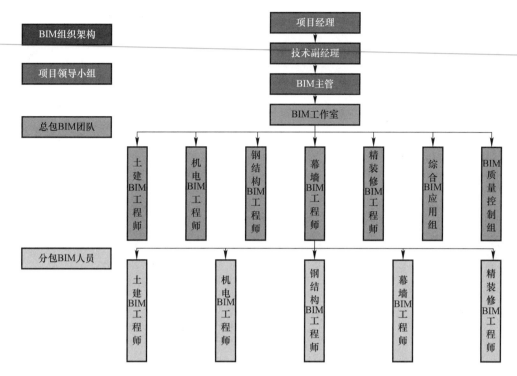

图5　BIM组织机构图

项目 BIM 人员配备表　　　　　　　　　　　　　　　　　表3

序号	人员	人数	职责
1	总包 BIM 工作室负责人	1	全面负责项目 BIM 实施，就 BIM 相关工作对项目经理负责；负责制定项目 BIM 工作计划；负责与业主沟通；负责管理与协调各专业分包 BIM 工作，组织各分包方制定各自的 BIM 工作计划，并与项目总体 BIM 工作计划相协调；牵头执行 BIM 工作计划，完成各项目标
2	土建 BIM 负责人	1	负责土建专业 BIM 实施，就本专业 BIM 工作对 BIM 工作室负责人负责；负责制定土建 BIM 工作计划并牵头实施；在项目 BIM 团队统一组织下，积极与各专业进行沟通与协调，完成各项工作目标
3	土建 BIM 工程师	12	配合土建 BIM 负责人工作，负责本专业的模型创建、专业协调、施工模拟、总包管理等各阶段具体工作的实施
4	机电 BIM 负责人	1	负责机电专业 BIM 实施，就机电专业 BIM 工作对 BIM 工作室负责人负责；负责制定机电 BIM 工作计划并牵头实施；在项目 BIM 团队统一组织下，积极与各专业进行沟通与协调，完成各项工作目标
5	机电 BIM 工程师	16	配合机电 BIM 负责人工作，负责机电专业的模型创建、专业协调、施工模拟、总包管理等各阶段具体工作的实施
6	钢结构、屋面、幕墙等专业 BIM 工程师	8	负责本专业的模型创建、专业协调、施工模拟、深化设计等各阶段具体工作的实施
7	模型整合、分包管理等综合应用人员	5	配合总包 BIM 工作室负责人，进行项目土建、钢结构、机电、幕墙等专业 BIM 工作协调，提前发现专业配合间的问题
8	出图人员	4	最终图纸出图
9	各分包 BIM 负责人及团队成员	根据各合同范围的实际需要配置	负责本合同范围内 BIM 管理与配合；负责制定专业 BIM 工作计划，在总包 BIM 工作室的组织下，牵头完成本合同范围内模型的创建与优化管理，积极参与专业间的配合与协调，完成各项工作目标

2.4　软、硬件配备

2.4.1　软件配备

项目 BIM 实施软件配备情况见表 4。

软件配备表　　　　　　　　　　　　　　　　　　　　　　　　表 4

序号	软件名称	版本	单机/协同	软件用途
1	Revit	2016	单机	建筑、结构、装修、场地、景观建模、机电专业建模
2	MagiCAD	2016	单机	机电专业建模，管线调整
3	Tekla	2016	单机	钢结构建模
4	NavisWorks	2016	单机	各专业模型集成
5	Fuzor	2016	单机	现场漫游、施工动画、VR 体验
6	Lumion	6.0	单机	漫游动画、场景渲染
7	BIM5D	2016	协同	集中管理 BIM 成果及相关资料

2.4.2　硬件配备

项目 BIM 实施硬件配备情况见表 5。

硬件配备表　　　　　　　　　　　　　　　　　　　　　　　　表 5

序号	设备名称	型号	数量	配置	用途
1	台式工作站	T7810	16	CPU 类型：E5 v4 CPU 核心：八核 内存大小：32GB 硬盘容量：2TB 显示器：2.4 英寸＊2	模型建立、动画制作
2	移动工作站	戴尔 3530	5	CPU 类型：英特尔第八代处理器 内存大小：32G 硬盘容量：512G＋1TB	用于内部讨论例会及对外交流
3	平板电脑	ipad mini	10	CPU：苹果 A8 双核 内存：2GB 容量：16GB	用于内部讨论例会及对外交流
4	服务器	T630	1	CPU 类型：E5-2600v4 芯片组：C610 硬盘：16X4TB	数据储存

2.5　项目 BIM 应用流程及管理制度

2.5.1　BIM 应用流程

　　首先，组建 BIM 团队，搭建 BIM 应用 IT 环境，制定 BIM 实施方案。然后根据各专业设计及深化设计图纸文档，建立各专业 BIM 模型，通过多专业的碰撞检查辅助深化设计过程。根据施工组织设计，建立施工场地、措施及大型机械设备模型，通过各专业 BIM

模型与场地布置、措施、大型机械模型的集成支持各专业施工中 BIM 应用及总包管理 BIM 应用，最终形成竣工图 BIM 成果。BIM 应用流程如图 6～图 8 所示。

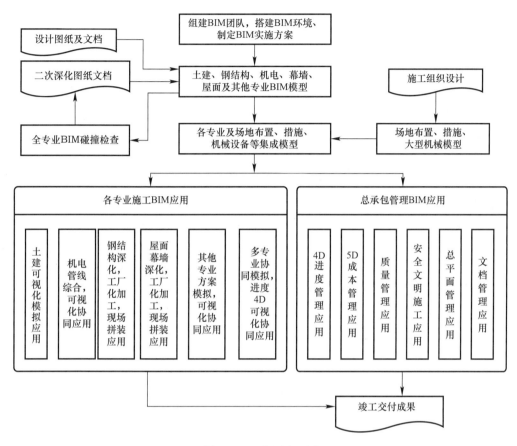

图 6 BIM 应用流程图

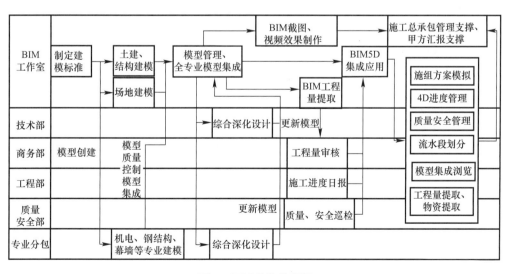

图 7 BIM 总体流程图

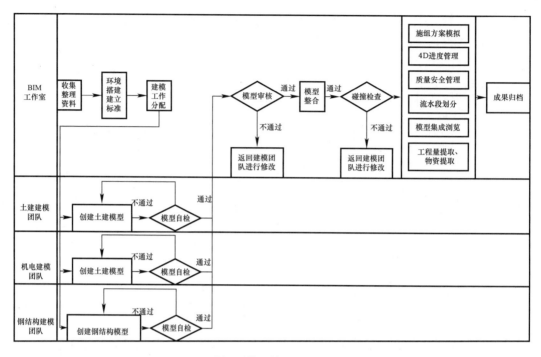

图 8 模型管理流程图

2.5.2 BIM 应用管理制度

（1）建立 BIM 系统运行例会制度

BIM 工作室召集所有团队成员，每周召开一次专题会议，汇报工作进展情况以及遇到的困难、需要总包协调的问题。

BIM 工作室每周内部召开一次工作碰头会，针对本周工作进展情况和遇到的问题，制定下周工作目标。

BIM 工作室各专业负责人必须参加每周的工程例会和设计协调会，及时了解设计和工程进展情况。

（2）建立系统运行检查机制

BIM 系统是一个庞大的操作运行系统，需要各方协同参与。由于参与人员多且复杂，需要建立健全一定的检查制度来保证体系的正常运作。

对各分包单位，每两周进行一次系统执行情况例行检查，了解 BIM 系统执行的真实情况、过程控制情况和变更修改情况。

对各分包单位使用的 BIM 模型和软件进行有效性检查，确保模型和工程同步进行。

（3）建立过程检查质量控制制度

各阶段过程检查质量控制要求见表 6。

各阶段过程检查质量控制要求   表 6

阶段	检查内容	检查要点	参与单位	检查结果	检查频率
设计阶段	基础模型	模型与图纸的一致性	总包 BIM 工作室	模型与图纸的一致性	每半个月
施工阶段	基础模型更新	是否按照进度进行模型更新	总包 BIM 工作室	模型是否符合要求	每月

续表

阶段	检查内容	检查要点	参与单位	检查结果	检查频率
施工阶段	专业深化设计复核	深化设计模型是否符合要求	总包 BIM 工作室	—	每月
施工阶段	设计变更	设计变更是否得到确认	总包 BIM 工作室	模型是否符合要求	每月
施工阶段	变更工程量计量	变更工程量是否正确	总包 BIM 工作室	模型是否符合要求	每月

3 创新与示范应用

3.1 机房模块化预制安装

3.1.1 应用流程

机房模块化预制安装共分为 19 个标准流程，通过数据管理协同平台进行全过程数据收集、共享、传递，如图 9 所示。

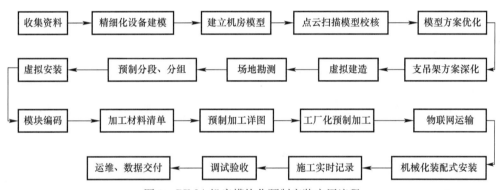

图 9 BIM＋机房模块化预制安装应用流程

3.1.2 应用介绍与总结

为响应国家号召，推进机电工程模块化预制加工及装配式施工，本工程 B1 层 AL 区换热机房和生活热水机房采用了模块化预制安装技术。暖通换热机房：888m²，总换热量 24000kW。生活热水机房：278m²，设计小时制热量 822kW，小时供水量 14m³。

施工前对实际建筑结构进行三维扫描形成实体模型，结合实体模型对机房进行深化设计形成 BIM 模型，依照 BIM 模型进行标准件划分、工厂预制化以及物流信息管理，最终进行现场快速装配。

优化设计方案方面，机房模块化深化根据系统、平面图修正模型错误，完善管线、桥架模型，解决碰撞点，空间管线合理优化，并分系统进行设备及附件集成，节省机房面积。预制加工中对监控点进行预留，避免现场二次加工。机房经设计优化后完善了设计未尽之处，具有节地、节材、观感及质量俱佳等优点。如图 10 所示。

通过粗略测算，预制化模块技术比传统的安装技术节省机房面积 140m²，节省工期、管材、型材等约三分之一。完成后实景如图 11、图 12 所示。

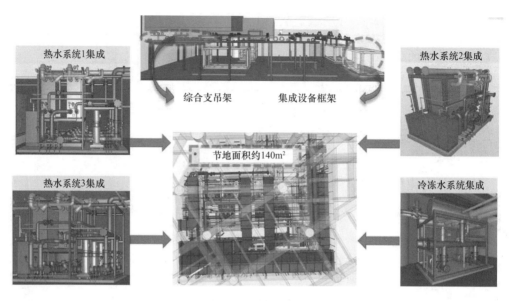

图 10　机房模块化设计方案

图 11　机房模块工厂预制加工

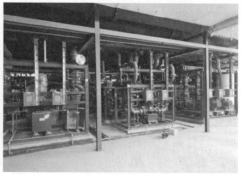

图 12　热交换站分系统模块组装完成效果

3.2 IBMS 智能楼宇管控系统

3.2.1 应用流程

IBMS 智能楼宇管控系统应用流程如图 13 所示。

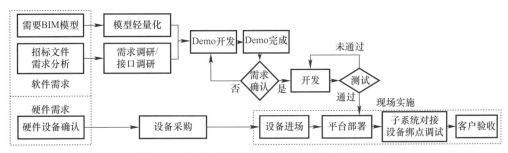

图 13 BIM＋IBMS 智能楼宇管控系统应用流程

3.2.2 应用介绍与总结

针对大型国际机场运维难度大等问题，自主研发基于 BIM 模型的 IBMS 智能楼宇管理系统，通过集成各子系统信息，集中监控，统一管理，构筑能效管控、电梯/扶梯/步道集中管控、系统/设备全生命周期统一维护管控、集中应急报警管控四大平台系统。如图 14 所示。

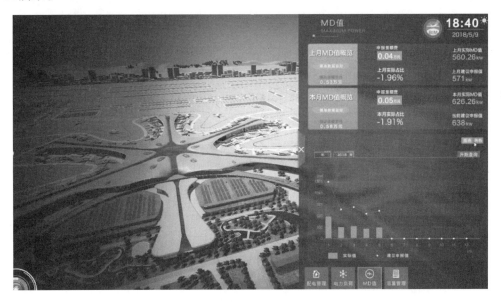

图 14 IBMS 智能楼宇管理系统

能效管控平台可进行能耗关联度分析、可对任意区域进行能源消耗对比。能效分析评估是根据数据采集存储的历史数据，通过各种对比方式实现相应的对比显示，同时可以根据天气、预设工作安排信息等进行智能化能效分析评估与预测。

系统/设备安全生命周期统一维护管控平台可通过 BIM 管理系统实现数据交互，对在不同系统内的设备数量、指标参数、相关资料和供货商等信息进行后台数据实时同步与更新，即 BIM 平台数据更新后可在软件平台中即时同步更新，实现自动生成工单、电子标签和派送管理功能并且支持云部署，设备维保信息记录和预防性维保报警功能，信息展示功能，设备总体信息管理、更换维修记录、使用效率、维护率等统计和分析功能等，电力能源、冷热能资源、水能资源管理功能。

集中应急报警管控平台可以将 IBMS 集成的全部子系统报警信息，通过 BIM 模型数据，采用 3D 形式经渲染后进行符号报警显示、颜色报警显示、弹出报警显示等，并可以根据后台配置和权限管理，实现分角色和工作站分类报警集中显示功能。

3.3 标准化族库建立

3.3.1 应用流程

标准化族库应用流程如图 15 所示。

图 15　标准化族库应用流程

3.3.2 应用介绍与总结

本工程因参施单位多，BIM 应用总体协调工作量大，总包 BIM 工作室为使各单位 BIM 应用统一、高效、规范，对涉及临时建筑、结构、建筑、机电、幕墙、钢结构、装修等专业的构件进行统一创建，保证族库的标准化，各构配件在确定参数信息后，BIM 工程师会对构件进行参数化建模并按族命名规则对族文件进行命名，经审查无误后上传至 BIM 服务器共享使用。统一、标准的族库保证了构配件在模型中的唯一性，保证了模型的整体质量，从而保证了模型后续应用的准确性和高效性。如图 16 所示。

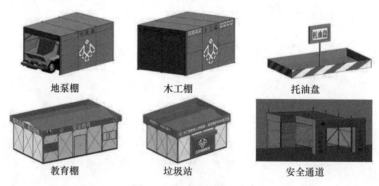

图 16　临时设施族文件

3.4 超大平面全过程高精度机电协同深化设计

3.4.1 应用流程

超大平面全过程高精度机电协同深化设计应用流程如图 17 所示。

3.4.2 应用介绍与总结

本工程机电专业系统共计 108 个，空间狭小、管道密集、各类构件的连接方式多样。因 Revit 软件内置的系统族文件均与国内标准有差异，在项目初期，为满足施工工艺的要求，BIM 工程师根据设计图纸说明和实际管材工艺标准，创建机电专业所需的各类系统族文件，保证模型创建的标准化。

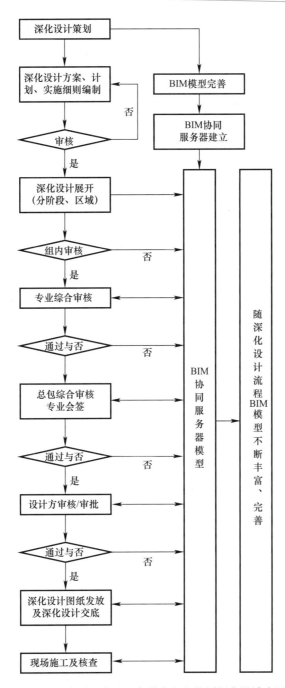

图 17　BIM＋超大平面全过程高精度机电协同深化设计应用流程

本工程单层面积最大可达 16 万 m^2，考虑到单层模型体量之巨大和硬件设备的数据处理能力有限等因素，在团队协同方面，采用分区分专业建模、深化的方式，并通过 BIM 服务器中心文件对模型进行协同，保证超大平面的机电深化设计能有序、高效的进行。在此协同方式下，BIM 工作室完成了 60 万 m² 全区域的机电深化设计，包括机房外全区域全专业机电深化设计、241 间大小机房的全专业机电深化设计、全区域的抗震支吊架深化设计、全区域消声器深化设计、全区域隔震补偿深化设计。深化设计图纸包括综合平面图、剖面图、三维轴测图、局部大样图等，图纸数量达 2400 余张。在深化设计过程中，BIM 工程师综合考虑各专业碰撞、专业间避让规则、工艺要求、设计标准和现场可实施性，将 Revit 深化设计功能运用到极致，将现场施工过程中的拆改问题、资源浪费问题、工序不清问题出现的概率降到了最低。图 18、图 19 为机电综合深化设计图纸及部分区域机电深化设计效果。

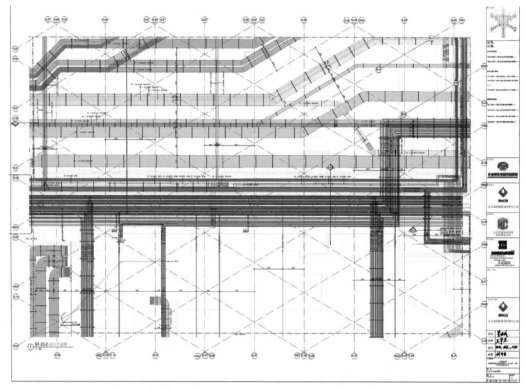

图 18　机电综合深化设计图纸

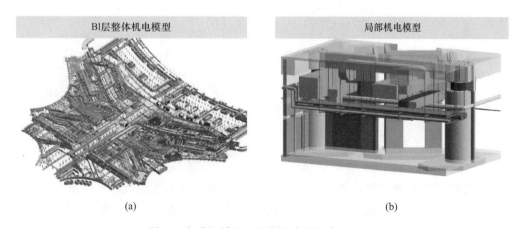

(a)　　　　　　　　　　　　　　　　　　(b)

图 19　部分区域机电深化设计节点效果（一）

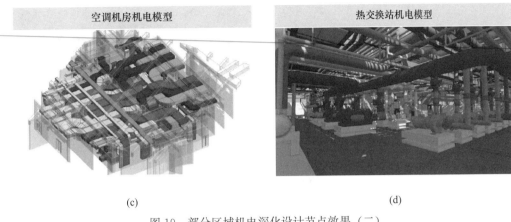

（c）　　　　　　　　　　　　　　　　　（d）

图 19　部分区域机电深化设计节点效果（二）

3.5　基于 BIM 的机电管线隔震补偿

3.5.1　应用流程

基于 BIM 的机电管线隔震补偿应用流程如图 20 所示。

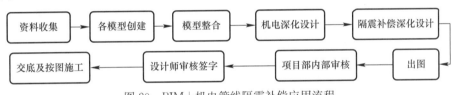

图 20　BIM＋机电管线隔震补偿应用流程

3.5.2　应用介绍与总结

本工程建成后将成为世界上最大的层间隔震建筑，共计使用大直径隔震橡胶支座 1152 套；弹性滑板支座 108 套；黏滞阻尼器 144 套，如此大规模使用超大直径隔震橡胶支座和弹性滑板支座在国内外尚属首次。

为满足本工程抗震的要求，本工程对管径≥DN65 的消防管道、防排烟风道、事故通风风道及相关设备设置抗震支吊架，保证高度集成化的机电系统在地震灾害时达到抗震设防目标。图 21 为抗震支吊架设置举例。

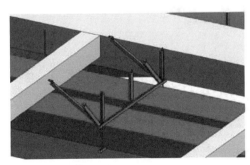

双风管侧纵向抗震支吊架

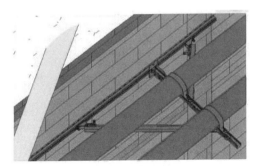

水管侧纵向抗震支架

图 21　抗震支吊架设置举例（一）

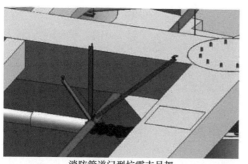

消防管道门型抗震支吊架　　　　　　　　消防管道门型抗震支吊架

图 21　抗震支吊架设置举例（二）

为满足本工程的隔震要求，本工程机电管线隔震体系要求部分关键管线的补偿量达 250mm，消防管道补偿量达 600mm，由于隔震补偿量大、隔震补偿单元所需安装及动作空间要求大，导致隔震层管线排布更加复杂，通过创建真实的、自适应的隔震补偿单元模型，插入到机电模型中，配合管线优化选取合适的安放位置和安装形式。图 22 为隔震补偿单元设置举例。

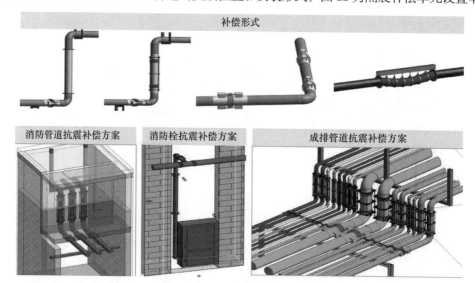

图 22　隔震补偿单元设置举例

依托 BIM 技术，本工程在机电隔震补偿方面取得专利三项。

3.6　装饰装修数字化施工

3.6.1　应用流程

装饰装修数字化施工应用流程如图 23 所示。

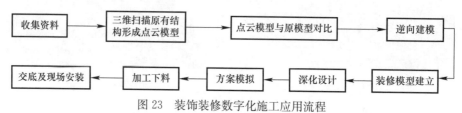

图 23　装饰装修数字化施工应用流程

3.6.2　应用介绍与总结

本工程公共区域装饰装修要求高，面积大，工期紧。在装饰装修阶段，因土建结构施工误差和钢结构卸载后变形量的误差，需要对整个施工区域进行测量，传统的测量手段费时、费力，本项目创新性地应用了三维扫描仪，通过标靶确定每次扫描坐标，将扫描后的点云模型合模，与土建和钢结构 BIM 模型比对，计算误差变量，重新确定钢网架球心坐标，完成之后依据点云模型进行逆向建模，以逆向建造的模型为基础进行装饰装修深化设计，确保深化设计符合现场实际情况。

（1）三维扫描

本阶段第一项重要工作是勘察现场土建结构，核对图纸与现场的偏差。采用三维激光扫描技术，对施工现场信息进行采集，从现场真实的点云数据中提取施工区域的平面图，通过比对设计提供的平面图和提取的现场平面图，核对修改施工图纸。具体的流程为：

对施工区域进行整体扫描获得整体点云数据，提取并导出现场平面图，比对设计图纸与现场平面图的偏差，修改施工图纸。

注意：扫描时要准确清晰地采集导线点信息，以备扫描数据的拼站处理以及后期的点云数据与现场的匹配处理。

1）现场控制点测设如图24、图25所示。

图 24　现场测点实况　　　　　　　图 25　标靶纸实况

2）现场扫描情况如图26、图27、图28所示。

图 26　现场扫描实况　　　　　　　图 27　扫描云阶段成果 I

图 28　扫描点云阶段成果Ⅱ

3）模型对比情况见表 7。

模型对比表　　　　　　　　　　　　　　　表 7

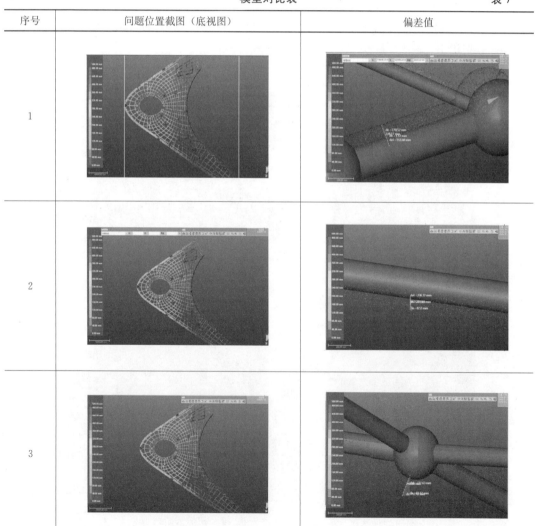

序号	问题位置截图（底视图）	偏差值
1		
2		
3		

4）平面图提取导出 CAD 图，如图 29 所示。

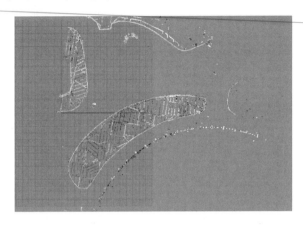

图 29 点云导出的轮廓图片

5）图纸尺寸匹配：

图纸核对以布设的控制点和标靶纸为准，再根据配准后结果进行图纸调整。

6）现场数据测量如图 30 所示。

图 30 点云数据的简单测量图

（2）数字化施工

1）数字化模拟施工

大吊顶系统的施工利用现场采集的精准数据结合三维可视化原理，对施工过程进行仿真模拟，将现场问题 100% 消除在策划阶段，实现后期"零"返工。利用三维建模深化进行施工模拟，确定施工方案。现场按照定好的尺寸和位置进行安装，大大降低了施工难度以及出错的概率。

2）数字化加工

大吊顶系统和板边栏板隔断系统等造型的材料下单，是通过数字化施工策划，生成高精度的电子文档交付厂家下单，取代现场测量或制作模板等传统下单方式，实现下单过程数字化。后期配合全站仪定点等技术进行放线和安装定位。如图 31、图 32 所示。

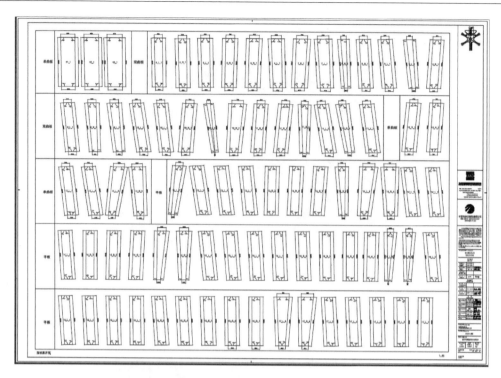

图 31　吊顶板分模下单编号

板块编号	底边A	左边B	顶边C	右边D	对角线L1	对角线L2	板块面积	件数	板块类型	视图方向
D06-4P14-	1163	20	1152	137	1152	1165	0.09	1	平板	背视图
D06-4P15-	2245	20	2189	310	2189	2248	0.36	1	平板	背视图
D06-4P16-	1700	20	1650	252	1649	1703	0.22	1	平板	背视图
D06-4P17-	1802	19	1752	229	1752	1805	0.22	1	平板	背视图
D06-4P17-	1341	21	1296	210	1296	1344	0.15	1	平板	背视图
D06-4P18-	1148	20	1059	200	1059	1151	0.11	1	平板	背视图
D06-4P19-	2928	410	2759	478	2696	3048	1.14	1	平板	背视图
D06-4P19-	2728	411	2562	478	2498	2852	1.06	1	平板	背视图
D06-4P19-	2531	411	2368	479	2304	2661	0.98	1	平板	背视图
D06-4P19-	2338	412	2178	479	2114	2472	0.9	1	平板	背视图
D06-4P19-	2148	412	1991	479	1928	2288	0.83	1	平板	背视图
D06-4P19-	1962	413	1808	479	1747	2108	0.75	1	平板	背视图
D06-4P19-	1779	414	1628	479	1570	1931	0.68	1	平板	背视图
D06-4P19-	1600	414	1452	479	1398	1758	0.61	1	平板	背视图
D06-4P19-	1424	415	1279	479	1232	1590	0.54	1	平板	背视图
D06-4P19-	1253	416	1111	478	1073	1426	0.47	1	平板	背视图
D06-4P19-	1085	416	948	476	921	1268	0.41	1	平板	背视图
D06-4P19-	922	417	789	475	779	1117	0.34	1	平板	背视图
D06-4P19-	764	418	634	474	650	972	0.28	1	平板	背视图
D06-4P19-	610	418	483	473	538	836	0.22	1	平板	背视图
D06-4P19-	460	419	337	472	452	710	0.16	1	平板	背视图
D06-4P19-	314	420	195	471	406	597	0.1	1	平板	背视图

图 32　吊顶板数字化下单数据

3）数字化安装

与普通吊顶相比，复杂吊顶单元定位困难、型材长短不一、面板呈非标准几何形状，给构件加工和管理带来困难，导致成本上升，BIM 的工作模式改变了这一流程，首先在建模时对"用户自定义特征"中的单元面板、龙骨框架、非常规型材构件依据数据规划进行唯一的编码，计算机根据几何条件自动计算输入参数，装配出整体建筑的吊顶模型，而后通过程序提取相应数据进行安装。

（3）应用小结

和传统的深化设计模型相同，当深化设计要对系统节点或局部造型进行深化的时候，利用三维模型可以更加直观快速、准确地理解，便于各参建单位直接交流。

精装修阶段，在装饰、机电和幕墙专业的协调上通过 Revit 协同办公可以及时发现各个专业之间的碰撞问题，及时交流解决，可以使效率提升很多。

通过初版施工图提前建立的模型建立漫游，模拟现场施工的组织部署。协调各个分包单位的施工部署，可以做出更好的施工部署决策。

通过模型制作的装修系统动画，模拟施工工艺、安装过程，优化施工安装的过程，推测安装难点，提高工艺合理性。

利用 Rihno 等曲线、曲面造型软件优化异形面板，降低面板加工、安装难度，达到节约成本的目的。

4　应用总结

本项目针对工程体量大、结构节点形式复杂多样、屋面钢结构跨度大落差高、机电系统繁多、协同困难等难题，在施工全过程中采用了 BIM 技术，并在项目管理、方案模拟、商务管理、动态管理、预制加工和深化设计等六大方面进行深入应用，实现了对项目的有效管控，提升了项目的质量、安全管理水平和效率，节约了工期和成本，有效地保证了航站楼工程的顺利竣工。

在新机场航站楼 BIM 应用实践过程中，项目团队积累了很多宝贵的经验，对 BIM 及信息化技术在传统工作中的融合应用有了新的认识，其中 BIM 在深化设计中的应用和物料平台的应用尤为突出。深化设计方面：本工程结构形式复杂，存在很多异形曲面和非标准节点，传统的深化设计是在设计院提供的二维平面图上分段分局部进行深化整合，容易导致返工。项目通过建立 BIM 模型，将设计院原有的设计以三维的方式呈现，并进行可视化交底，解决了传统二维图纸无法表达复杂建筑、复杂施工节点安装及多专业交叉协调管理等问题，极大地提高了深化设计的效率和施工管理水平。物料管理方面：考虑到本项目工程体量大、物料数量多，现场施工面积大、分区复杂，为有效提高物料流转效率，项目引进了二维码物料管理平台，统筹管理物料生产、出厂、运输、进场、摆放、安装等信息。物料出厂时即打印粘贴二维码，运至现场后扫描二维码，根据二维码内分区信息摆放物料，减少了二次搬运时间，提高了工作效率。

项目在 BIM 应用实施过程中，对相关软件的应用进行了总结和分析，可供其他项目人员参考，具体内容见表 8。

相关软件应用总结分析表　　　　　　　　　　　　　　　　　　表 8

软件名称	版本	软件功能	优点	不足
Revit	2016	建筑、结构、装修、场地、景观建模、机电专业建模	1. 可交互性强，是 BIM 技术后续应用的基础软件； 2. 模型创建便捷，精度高，模型信息全面； 3. 可导出图纸； 4. 具有坐标信息，可用于放样机器人的放线工作	1. 非国产软件； 2. 对硬件要求高

软件名称	版本	软件功能	优点	不足
MagiCAD	2016	机电专业建模，管线调整	1. 有较完备的机电专用族库； 2. 机电设备呈现效果好； 3. 管线调整便捷	个别功能尚不完善
Tekla	2016	钢结构建模	1. 钢结构节点建模效果好； 2. 钢筋的建立较容易，亦可依照实际尺寸、大小、位置建立，可符合规范需求	与其他专业配合需导入其他软件
NavisWorks	2016	各专业模型集成	1. 模型文件整体体量小，轻量化处理较为理想； 2. 碰撞检查操作相对简单，便于操作； 3. 相关联交互设置相对简单，可交互性强； 4. 各节点均具有独立 ID 编号，查找方便快捷	1. 模拟效果较差； 2. 模拟精度较差
Fuzor	2016	现场漫游；施工动画；VR 体验	1. 操作方便，视觉效果好，尤适用于机电漫游动画制作； 2. 与 Revit 模型实时同步； 3. 漫游过程中可以提示模型问题，可显示视点位置； 4. 自带 VR 接口	1. 不同材质辨识度不高； 2. 构件材质信息容易出错
Lumion	6.0	漫游动画场景渲染	1. 效果逼真； 2. 操作简单	1. 对模型材质命名要求严格，增大建模工作量； 2. 室内漫游有局限
BIM5D	2016	集中管理 BIM 成果及相关资料	1. 手机端、PC 端、WEB 端和广联云协同，实现信息实时更新和随时浏览； 2. 对质量安全问题定期统计，形成图标，直观反映问题； 3. 可与合同清单匹配，进行三算对比； 4. 可分楼层、分流水段汇总工程量，便于精细化管理； 5. 计划工期与实际进度进行对比，及时发现问题并预警	与项目相符的功能需定制
广联达 BIM 土建算量软件 GCL	/	对项目周转材料及混凝土等实体材料工程量进行统计、提取，为项目材料控制提供依据，节约现场成本	1. 操作方便； 2. 可与 revit 进行对接，减少算量模型建模时间	对 revit 模型质量要求高，设置繁琐
北京城建新机场航站楼绿色智慧项目管理平台	/	集成管理智慧工地相应功能应用点	智慧工地管理平台将离散的数据进行整合，为项目各级管理者提供一站式"数据融合、可视化扩展、综合分析及预警推送"，各级管理人员在平台上即可获得全部的信息和分析结果，为管理者提供一个生动直观、实时更新、智慧决策、风险预警的管控工具	/

案例三 北京新机场高速公路（南五环-北京新机场）4 标段

1 项目概况

1.1 项目基本情况

新建北京新机场高速公路（南五环-北京新机场）第 4 标段，M 线（左幅）在京沪铁路 K40+057.17 处采用 47m+46m 钢箱梁 T 型钢构上跨通过，交角为 72.4°；在京沪高铁里程 K25+238.09（墩号 D519♯-D520♯）处采用一联 29m+32.7m+29m 现浇混凝土连续箱梁下穿通过，交角为 64.4°；N 线（右幅）在京沪铁路 K40+030.04 处采用 46m+46m 钢箱梁 T 型钢构上跨通过，交角为 72.9°；在京沪高铁 K25+206.71（墩号 D518♯～D519♯）处采用 24m+32.7m+24m+23m 现浇混凝土连续箱梁下穿通过，交角为 64.8°。效果如图 1 所示。

图 1 新机场高速公路效果图

1.2 参建单位情况

工程主要参建单位见表 1。

参建单位表 表 1

单位类别	单位名称	职责
建设单位	北京京投交通发展有限公司	（1）对本项目的 BIM 实施提出需求； （2）审批各参与方提交的 BIM 成果； （3）组织 BIM 工作评审
设计单位	中铁工程设计咨询集团有限公司	（1）协助施工总承包的 BIM 工作； （2）使用施工总承包单位 BIM 模型，对施工总包模型提供意见
施工总承包	中铁十二局集团有限公司	（1）组织建立项目整体 BIM 实施管理体系； （2）协助业主编制项目 BIM 实施导则； （3）完成相关 BIM 应用成果提交； （4）协助业主为各参与方提供 BIM 管理、技术等支持及培训，包括向业主建议对各参与方的 BIM 要求； （5）组织管理本项目的 BIM 实施

续表

单位类别	单位名称	职责
BIM 咨询单位	广州优比建筑咨询有限公司	(1) 协助施工总包方的各项 BIM 工作； (2) BIM 模型建立，工艺、进度模拟； (3) 协助施工总包方的 BIM 平台建设
第三方检测	四川交大工程检测咨询有限公司	(1) 协助施工总承包的 BIM 工作； (2) 使用施工总承包单位 BIM 模型，对施工总包模型提供意见

1.3　项目重难点

项目施工实施的重难点主要包括：

（1）"三线四桥"同时转体，在国内属于罕见的现象，施工难度极大，需在规定的时间内完成四座桥的转体；

（2）项目现浇箱梁和 T 构钢箱梁施工均采用支架法施工，施工安全风险高；

（3）项目位于大兴区，施工干扰因素多，工期紧张，有效期只有 8 个月，施工过程中施工组织管理难度极大；

（4）施工范围小，高峰期间，有 3 台旋挖钻机和 5 台吊车同时作业，作业面狭窄；

（5）转体过程中，转体钢箱梁与地面接触网之间存在碰撞，对转体过程造成影响。

2　BIM 实施组织策划

2.1　BIM 应用目标

"三线四桥"同时转体是本项目最大的施工难点，所以本项目的主要 BIM 应用点均围绕此开展。同时，由于设计院未提供 BIM 模型，传统基础设施类 BIM 软件，如 Bentley、Dassault 对施工企业项目层面投入较大，且会使用人员较少，所以本项目的 BIM 应用点也围绕采购成本更低、应用人员更广泛的 Autodesk、广联达产品进行考虑。除此之外，项目还从 BIM 可视化、信息化、协同性的优势出发，充分将项目信息共享，促进跨部门协作。

项目整体的 BIM 应用目标是，基于 BIM5D＋协筑＋Dynamo＋Revit 这一创新性管理模式，做深做透，做好总结工作，成为同行业同类项目的 BIM 应用示范。同时，充分发挥项目全员协同参与 BIM 过程，将业务与 BIM 技术融合，使 BIM 平台成为施工过程中各专业管理数据的综合看板，协助项目人员的日常管理工作。

在项目实施完成后，将所有 BIM 应用成果进行转化，建立可供未来项目直接使用的 BIM 应用模板。

项目具体 BIM 实施应用以解决转体等工程重难点问题为目标，可分为以下六项：

（1）可视化设计：所见即所得，更重要的是通过工具的提升，使设计人员能使用三维的思考方式来完成设计，同时也为业主及最终用户在三维可视化下展现设计方案、阶段性的真实效果图。

（2）性能化分析：设计人员在设计过程中创建的 BIM 模型已经包含了大量的设计信

息（几何信息、材料性能、构件属性等），只要将 BIM 模型导入相关的性能化分析软件，就可以得到相应的分析结果，原本需要专业人士花费大量时间输入大量专业数据的过程，如今可以自动完成，大大降低了性能化分析的周期，提高了设计质量，同时也使设计企业能够为业主提供更专业的技能和服务。

（3）工程量统计：BIM 是一个富含工程信息的数据库，可以真实地提供造价管理需要的工程量信息，借助这些信息，计算机可以快速对各种构件进行统计分析，大大减少了繁琐的人工操作和潜在错误，非常容易实现工程量信息与设计方案的完全一致。通过 BIM 获得的准确的工程量统计可以用于前期设计过程中的成本估算、在业主预算范围内不同设计方案的探索或者不同设计方案建造成本的比较，以及施工开始前的工程量预算和施工完成后的工程量决算。

（4）场地分析：BIM 结合地理信息系统（Geographic Information System，简称（GIS），对场地及拟建的建筑物空间数据进行建模，通过 BIM 及 GIS 软件的强大功能，迅速得出准确的分析结果，帮助项目在规划阶段评估场地的使用条件和特点，从而做出新建项目最理想的场地规划、交通流线组织关系、建筑布局等关键决策。

（5）施工进度模拟：将 BIM 模型与施工进度计划相链接，将空间信息与时间信息整合在一个可视的 4D（3D＋Time）模型中，可以直观、精确地反映整个建筑的施工过程。

（6）施工现场综合管理：项目全员协同参与，将业务与 BIM 技术融合，使 BIM 平台成为施工过程中各专业管理数据的综合看板，协助项目人员的日常管理工作，在项目实施完成后，将所有 BIM 应用成果进行转化，建立可供未来项目直接使用的 BIM 应用模板。

2.2　BIM 应用范围

根据对项目重难点的分析，以及项目的 BIM 应用目标，项目确定的 BIM 应用范围及应用内容如表 2 所示。

BIM 应用范围及应用内容　　　　　表 2

序号	BIM 应用范围	BIM 应用内容
		基础应用
1	BIM 模型创建	依据施工图纸精确建立项目各类型 BIM 构件模型，在正式的建模过程中，做好图纸问题的统计，并就发现的各类问题进行汇总
2	场地平面布置	项目利用 Revit 标准化的平面布置族库辅助可视化项目平面布置，并对平面布置的各类族添加相应参数信息，利用对数据的统计、参数的可视化显示，对平面布置的合理性进行验证
3	施工方案辅助	利用 BIM 可视化的特点，将桥梁复杂节点进行 1:1 精准模型建立，以三维可视化的形式将图纸中的二维复杂节点向现场施工作业人员进行展示，方便人员理解与现场施工
4	重难点施工方案模拟	利用 Revit 建立施工过程中具有代表性的措施模型，如模板、支架、转体牵引系统等。利用 BIM 模型、措施模型，对项目转体工程等施工工艺进行三维可视化的模拟展示或探讨验证
5	BIM 施工进度模拟	利用 BIM 施工模型，对于施工进度进行三维可视化的模拟展示或探讨验证

续表

序号	BIM 应用范围	BIM 应用内容
		基础应用
6	BIM 可视化交底	利用 BIM 辅助施工方案的编制，将施工方案以三维可视化的方式展示，同时结合动态模拟，利用 BIM 模型对现场人员进行可视化交底
7	物联网管理	项目使用 BIM5D 平台进行物料跟踪与管理，对预制箱梁生产阶段进行跟踪预控，改善传统物料管理及物料追溯性的相关要求，提高工作效率
8	质量安全管理	项目借助于 BIM 平台在质量安全管理中应用，现场人员通过手机 APP 对质量、安全问题进行记录与跟踪，形成闭环的管理。通过平台设定整改时限，自动提醒落实整改，整改完成后生成问题整改回复单
9	模型轻量化应用	项目利用协同管理平台进行 BIM 模型轻量化，现场管理人员无需安装软件便可随时随地浏览模型
		创新与示范应用
1	基于 BIM+GIS 的线性工程管理	利用 BIM 模型与 Infraworks 和 Google Earth 的交互（BIM+GIS 展示），还原本工程与周边环境的关系，为施工决策提供帮助
2	BIM 技术辅助工程量统计	在建模过程中，项目管理人员实时从 BIM 模型中提取工程量，辅助项目上的算量对量，以及项目周转架料的管理
3	BIM 技术辅助"三线四桥"同时转体施工	利用 BIM 技术辅助编制转体方案，进行模拟与可视化展示，验证施工方案的合理性，协助理解与方案的执行，并对全过程施工进行协同管理
4	道桥类项目的 BIM 模型参数驱动实践	利用 Revit+Dynamo 的参数化建模方式创建道桥类项目的 BIM 模型，发挥参数化优势，降低软件采购成本
5	线性工程的多专业协同工作	利用协同平台，收集现场管理数据，使数据交互，保证信息在项目参建各方以及各部门间快速流转，辅助线性工程的多作业面资源管控
6	基于 BIM 平台的项目和企业知识库建设	通过对文档架构的设定、编码设定、模型构件和编码设定、流程标准化设定，将协同平台的文档有序地与模型的数据结合，积累实施过程的文档数据信息，形成知识库，为未来同类项目的实施做决策依据

2.3 组织机构与岗位职责

2.3.1 BIM 组织机构

项目由 BIM 咨询单位负责基础性 BIM 模型建立及模拟工作，在 BIM 模型成果方面，项目部尝试全员应用 BIM 技术，组织各专业及相关部门配置能直接使用 BIM 工具的人员，进行各专业内的 BIM 工作。同时成立 BIM 小组，综合协调及管理各专业 BIM 成果，并负责将 BIM 成果发布给项目全员使用，将 BIM 应用到具体的施工工作中，项目 BIM 小组的架构如图 2 所示。

2.3.2 BIM 应用岗位职责及人员配备

项目 BIM 应用岗位职责及人员配备见表 3。

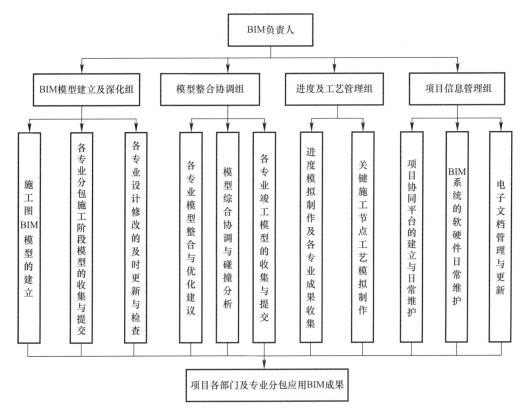

图 2　BIM 小组组织架构

项目 BIM 人员配置表　　　　　　　　　　　　　　　　　　表 3

序号	岗位	职责	配备人数
1	BIM 负责人	BIM 负责人作为总承包项目部 BIM 应用过程中的具体执行人，协助 BIM 总负责人确保整个项目 BIM 工作的完整性、准确性、延续性。负责施工阶段 BIM 工作的沟通及协调，定期组织 BIM 工作会议，按要求出席项目例会、交底会等会议	1
2	BIM 工程师	建立施工图 BIM 模型，进行冲突和碰撞检测，优化设计方案；负责工程计划进度的 BIM4D 模拟和关键施工工艺的可视化展示和模拟；与进度与平面管理部和技术部协调，及时对进度和工艺管理模拟做调整与更新	2
3	信息管理岗（兼职）	负责搭设项目信息化管理平台，形成数据协同。设置分包单位登录的账号及分包单位登录平台接口，并审核各分包单位在信息管理平台上的文件成果，规范分包单位平台使用流程；定期进行协调操作培训与检查；负责 BIM 信息、竣工信息和项目电子文档的综合和管理	1

2.4　软硬件资源配备

2.4.1　软件配备

针对所选择的 BIM 应用点，项目使用的 BIM 软件配置如表 4 所示。

项目软件配备表　　　　　　　　　　　　　　　　　　表 4

序号	软件名称	版本	单机/协同	软件用途
1	Autodesk Revit	2018	单机＋协同	各专业施工图模型建立、深化设计、渲染、工程量统计、出图等
2	Dynamo	2018	单机	参数化建模、异形构件创建

序号	软件名称	版本	单机/协同	软件用途
3	Autodesk Navisworks	2018	单机	模型综合、模型轻量化、碰撞检测、建筑漫游、4D 模拟、工艺模拟、渲染等
4	Civil 3D	2018	单机	场地模型建立
5	Lumion	2018	单机	模型渲染、漫游交底、动画制作、VR 制作
6	720Yun	/	单机	全景模型制作、轻量化模型
7	BIM 5D	3.5	协同	辅助进度、资源管理、方案管理
8	协筑	/	协同	模型轻量化浏览、资料管理

2.4.2 硬件配备

硬件配置情况见表 5。

项目硬件配备表   表 5

序号	设备名称	型号	数量	配置	用途
1	戴尔移动工作站	M6800	1	处理器：英特尔®酷睿™ 显卡：Nvidia® Quadro® K4100M 含 4GB GDDR5 操作系统：Windows.10 旗舰版 64	建模、汇报
2	戴尔工作站	OptiPlex 7050MT	2	处理器：英特尔®酷睿™ i7-8700 显卡：Nvidia® Quadro® K4100M 含 4GB GDDR5 操作系统：Windows.10 旗舰版 64	建模、渲染等

2.5 BIM 应用流程及管理制度

2.5.1 BIM 应用流程

项目基于设计院提供的二维图纸进行 BIM 模型创建，同时结合技术部提供的方案、深化设计成果，形成场地、方案、措施等模型。所有生成的 BIM 模型成果均在 BIM 综合平台上进行共享，用于施工生产阶段各项业务的辅助，包括进度模拟、质量安全管理、物料管理、资料管理等。整体 BIM 实施流程如图 3 所示。

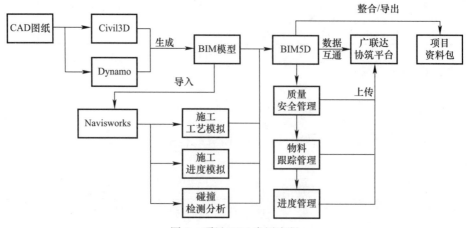

图 3 项目 BIM 应用流程

2.5.2　BIM 应用管理制度

为保障项目 BIM 实施，公司成立了 BIM 指导小组，小组成员由公司技术总监、项目 BIM 负责人、各专业 BIM 人员组成，定期沟通及时解决相关问题。项目部在项目开工时向业主提交《施工 BIM 工作执行计划书》，计划书经业主审批通过后开始进行 BIM 技术应用，并编制了《几何信息深度等级表》，统一各专业的建模标准、基点方位、成果交付形式及 BIM 质量要求。

BIM 实施过程中，指导小组每周召开一次工作碰头会，针对本周工作进展情况和遇到的问题，制定下周工作目标。每 2 周进行一次系统执行情况检查，了解 BIM 系统执行的真实情况、过程控制情况和变更修改情况。此外，指导小组负责对项目提供的 BIM 模型和成果进行有效性检查，确保模型和工作同步进行。

3　创新与示范应用

3.1　基于 BIM＋GIS 的线性工程管理

3.1.1　应用内容

项目使用 Infraworks 建立现场的 GIS 模型，作为后期 BIM 应用的整体蓝图背景。项目基于 BIM 模型与 Infraworks 和 GoogleEarth 的交互（BIM＋GIS 展示），还原本工程与周边环境的关系，为施工决策提供帮助。

BIM＋GIS 在线性工程的应用可辅助项目进行场地布置选型、方案验证，验证方案与周边环境的关系，如图 4 所示。

3.1.2　实施流程

线性工程中 BIM＋GIS 应用实施流程如图 5 所示。

图 4　BIM＋GIS 效果图（一）

图 4 BIM＋GIS 效果图（二）

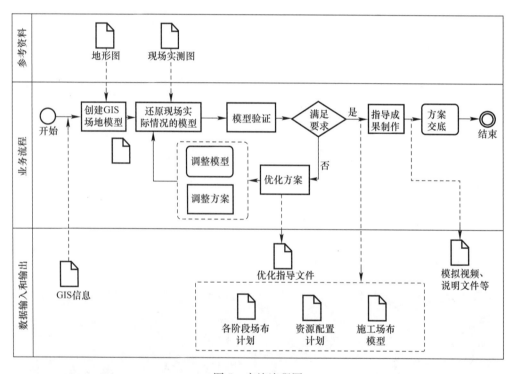

图 5 实施流程图

3.1.3 应用概述与总结

由于本工程为"三线四桥"转体施工，且上跨京沪铁路，下穿京沪高铁，地理位置信息及其重要，所以，项目通过 BIM＋GIS 技术提前模拟并还原现场周边环境，并将 BIM 模型导入 InfraWorks 软件中进行分析，提前解决了周边环境对现场施工可能造成的影响，并制定对应的解决方案，确保项目能够顺利实施。

但 InfraWorks 主要侧重于道桥项目的初设方案选型，不是专业级的 GIS 平台，其更完整的 GIS 信息需要与 ArchGIS 等产品进行交互。考虑到软件的使用成本以及操作人员的能力范围，项目使用 InfraWorks 的底层 GIS 数据，结合现场实则数据的 Revit 建模还原，形成了本项目的地理信息模型基础。

不同于传统的线性工程，本项目为转体施工，施工覆盖区域较小。如针对公里数较长的线性工程，建议使用更专业的 GIS 平台或通过无人机倾斜摄影来获取地理信息模型。

3.2 BIM 技术辅助工程量统计

3.2.1 应用内容

项目部从施工图 BIM 模型中自动提取各类构件的工程量，同时添加相应的计算公式以考虑相关的损耗等系数，用于现场实际工程量预估，如图 6 所示。项目将在三维模型浏览模式中直观地查看各个算量所对应的模型构件，在算量管理 BIM 模型的基础上，形成算量模板。定期将 BIM 模型算量与商务系统的商务算量进行对量，同时配合审计结算。项目目前使用 BIM 模型辅助统计的工程量包括混凝土、脚手架工程、模板工程等内容。

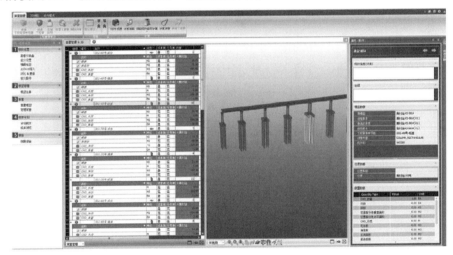

图 6 工程量统计

当项目遇到变更时，项目更新模型并导入至 Vico Office 平台，平台自动捕捉模型的变化，将变更反映到工程量变化中，项目管理人员通过不同版本的模型工程量变化进行对比，从而辅助项目成本管理。

3.2.2 应用流程

BIM 技术辅助工程量的应用流程如图 7 所示。

3.2.3 应用概述与总结

在建模的过程中，项目采用 Vico Office 进行 BIM 模型中的算量工作，通过 Revit＋Dynamo 实现施工图纸 1：1 进度建模，确保模型与现场实际情况完全一致，但 Revit 对通过 Dynamo 建立的复杂构件模型工程量统计能力较弱，对于部分造型复杂的钢箱梁、桥墩模型，Revit 无法计算出工程量。

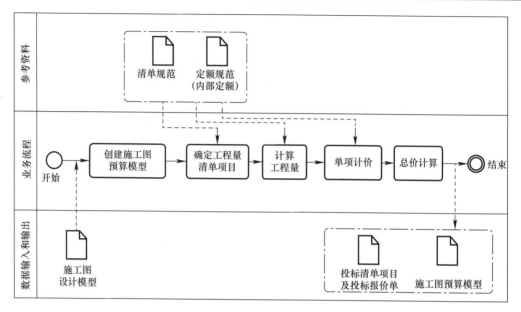

图 7　实施流程图

项目将 BIM 模型导入 Vico Office 中进行混凝土、脚手架、模板等工程量的提取，辅助项目上的算量、对量，并通过流水段的划分，计算不同流水段的模型工程量，辅助项目周转架料的管理。部分工程量通过清单、定额管理，辅助成本管理部门对成本和资源进行测算。

通过与商务部门的对量，项目发现 BIM 模型因精确建模，统计出的主材工程量更精确，但需要考虑到折算扣减等因素。在周转架料的工程量辅助统计中，由于项目对周转架料实行总价包干，已将成本风险转移，如未来在分包周转架料前夕对材料进行更精确计算，对降低施工单位的周转架料成本会有显著帮助。

Vico Office 在工程量和成本辅助上的良好应用涉及到一系列工作的标准化，同时需要成本部门参与协助。目前能达到此要求的施工项目较少，所以本项目仅通过模型导入 Vico Office 进行工程量提取以及和成本部门的对量。

3.3　BIM 技术辅助"三线四桥"同时转体施工

3.3.1　应用内容

新机场高速公路上跨京沪铁路，下穿京沪高铁，转体桥施工为左、右线各一座，位于线路右侧分别有规划团河路及新机场轨道交通线各一处转体桥，转体施工需在 90min 内完成 4 座桥同时转体。

"三线四桥"同时转体，在国内属于罕见的现象，施工难度极大。项目在进行 BIM 应用策划时，充分发挥 BIM 可视化、信息化、协同性的优势，全方位利用 BIM 技术辅助策划方案的编制，将转体施工以可视化的方式展示，对本次"三线四桥"的施工进行了 BIM 模拟，验证施工方案的合理性，检查方案的不足，协助施工人员充分理解和执行方案的要求，并对全过程施工进行协同管理。如图 8 所示。

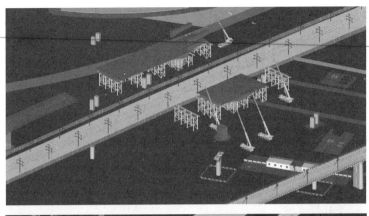

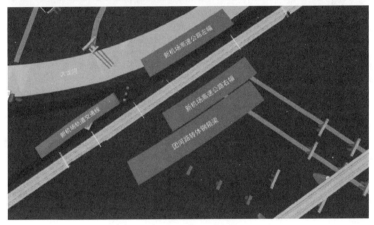

图 8　转体桥梁模拟

BIM 技术综合应用辅助"三线四桥"同时转体施工的应用主要有以下三个方面：
（1）模拟实际转体情况。如图 9 所示；

图 9　转体角度测量

（2）转体桥梁与现有接触网之间的碰撞问题。如图 10、图 11 所示；
（3）智能监测系统平台开发。如图 12 所示。

3.3.2　实施流程

BIM 技术综合应用辅助"三线四桥"同时转体施工的应用流程。如图 13 所示。

图 10　BIM 技术辅助转体桥梁与接触网碰撞检查

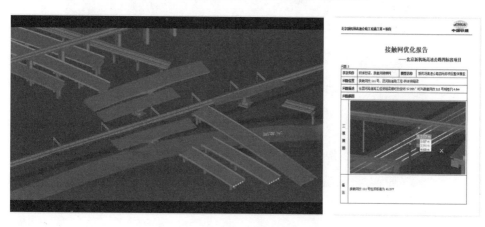

图 11　接触网方案优化方案及报告

图 12　智能监测平台

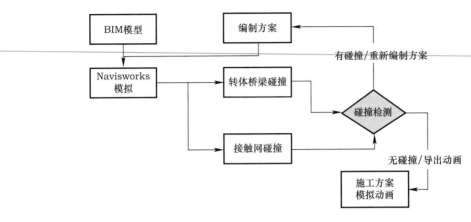

图 13　实施流程图

3.3.3　应用概述与总结

由于本项目施工难度极大，所以项目利用 BIM 可视化、信息化、协同性的优势，对本次桥梁转体工程进行了模拟，验证施工方案的合理性，检查方案的不足，协助施工人员充分理解和执行方案的要求，并对全过程施工进行协同管理。项目转体角度要求极其精准，通过 BIM 技术提前模拟现场实际情况，提前发现并解决碰撞问题。

由于本项目转体时会与现有接触网产生碰撞，所以项目提前利用 BIM 技术进行转体桥梁的施工模拟，在转体过程中，发现碰撞点，制定合理化方案并进行论证，提前解决转体桥梁与接触网的碰撞问题。基于 BIM 技术的"三线四桥"施工模拟，项目提前对方案进行优化，确定接触网改造计划，并对改造后的接触网进行再预演。

将转体实施过程中的应力、应变等监测数据实时反馈到本项目自主研发的 BIM 平台，通过 BIM 模型反映转体实际情况，将转体过程的所需数据集成，并结合模拟的实际周边环境情况，对转体过程进行动态监测和提前预警，保障"三线四桥"的施工。

3.4　道桥类项目的 BIM 模型参数驱动实践

3.4.1　应用内容

通过项目的探索应用与实践总结，Revit＋Dynamo 的参数化建模方式能弥补 Revit 软件在建模上的不足。

虽然使用达索 Catia、奔特利 OpenBridge 也能解决项目在建模上的难题，但 Autodesk Revit 采购成本更低，掌握人员更多，更符合本项目的实际需求。

目前各施工企业的 BIM 培训主要针对 Revit、Navisworks 等基础性产品，面对更复杂的工程需求解决能力较弱。为更好地将 BIM 技术在项目实施落地、发挥出 BIM 参数化的优势，建议选择 Revit 作为建模工具的施工企业可加大对 Dynamo 的培训力度。

3.4.2　实施流程

BIM 模型参数驱动的应用流程见图 14。

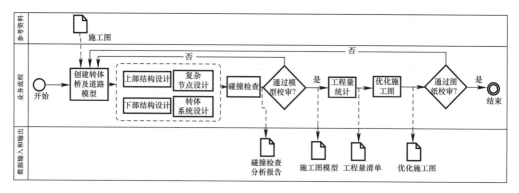

图 14　实施流程图

3.4.3　应用概述与总结

虽然 Dynamo＋Revit 的参数化建模方式软件采购成本更低、建模效率更高，但 Dynamo 因为涉及一部分基础性的参数化编程思路，施工单位掌握人数较少，目前大部分施工单位 BIM 人员只具备常规的 Revit 建模和应用能力，对于更能提升工作效率、发挥 BIM 信息化、参数化能力的 Dynamo 掌握不足。

3.5　线性工程的多专业协同

3.5.1　应用内容

项目将协同平台与现场管理平台对接，使数据交互，信息充分在各部门间和不同应用中流转。同时利用 BIM 模型的信息，整合进度、施工段、物资等信息，辅助线性工程的多作业面资源管控。

3.5.2　实施流程

线性工程的多专业协同工作流程如图 15 所示。

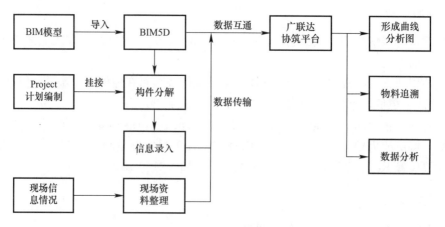

图 15　实施流程图

3.5.3　应用概述与总结

不同于传统房建项目的多专业交叉作业，线性工程施工工序较为简单，所以相比于房建项目在复杂专业的深化设计 BIM 应用，线性工程不同专业间需要协调和解决的"碰撞"问题较少。

高速公路项目为线性工程，从线路分布情况来看，属于典型的"细长条带"状，点多面广，管理较为困难，尤其是对资源的协调管理。

由于房建领域 BIM 应用起步较早，目前基础设施领域较多项目的 BIM 应用以借鉴房建领域为主，主要 BIM 应用为通过 BIM 技术建立模型并进行跨专业的碰撞检测等工作。但通过本项目的 BIM 应用，在基础设施，尤其是线性工程的应用上，应针对其施工特点，更多地发挥 BIM 协同性、多专业信息集成的优势，充分将不同施工区域的信息充分协同，方便管理和决策。

3.6　基于 BIM 平台的项目和企业知识库建设

3.6.1　应用内容

本项目在 BIM 实施过程中，结合协同平台的使用，将工作对象组织结构化，作为每项任务的信息记录的载体，使项目管理过程中积累的项目管理及控制的知识与经验以显性的方式保存下来，这些资料会辅助竣工模型和竣工资料的交付，方便业主使用，以及后期运维管理。如图 16、图 17 所示。

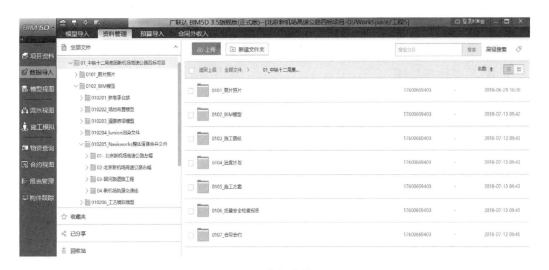

图 16　数据库管理

3.6.2　实施流程

基于 BIM 平台的知识库建设流程如图 18 所示。

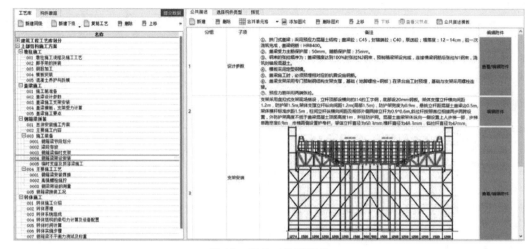

图17　项目工艺库管理

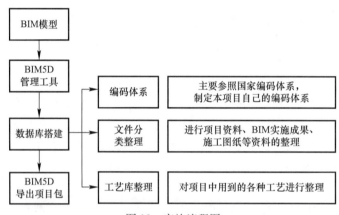

图18　实施流程图

3.6.3　应用概述与总结

项目在 BIM 实施过程中，结合协同平台的使用，组织进行计划管理，并记录生产过程数据，形成企业数据库，使企业数据库里的项目经验数据成为以后项目实施参考的依据。

本项目结合道桥项目的特点，结合项目的 BIM 应用成效，对道桥类项目基于 BIM 的企业数据库建设和管理进行总结，形成一套可供同类项目参考和借鉴的应用经验。

但 BIM 辅助企业知识库的建设，需要全员的参与以及标准化的流程支持，单一的 BIM 小组很难推动整个知识体系建设。企业需要有不同的项目遵循统一的信息管理架构才能发挥出知识库的价值。

4　应用总结

4.1　实施总结

通过 BIM 技术在本项目的实施，项目取得了一定的经济效益。

1. BIM 模型建立

项目建模人员 4 人，利用 Dynamo 将图纸参数和设计逻辑进行编程，极大程度地加快了 BIM 模型建立的速度，显著地节约了项目模型建立时间，节约建模人力约 1 个月，总计节省约 12 万元。

2. BIM+GIS 应用

项目通过 BIM+GIS 技术提前还原现场周边环境，检查影响施工的不利因素，GIS 技术的引入减少现场踏勘约 20 人次，踏勘人数约为 10 人，每人每天费用约 250 元，总计节省约 5 万元。

3. BIM 辅助施工方案编制

项目提前应用 BIM 技术辅助钢箱梁拼装方案的编制，并进行钢箱梁拼装模拟，验证其方案的可行性，发现原有汽车吊行走路线空间较小，容易触碰既有铁路围挡，项目依据此模拟对汽车吊行走路线进行了重新优化，潜在节约工期约 3 天。

除此之外，通过对三线四桥转体过程的模拟，发现桥体在转体过程中会与既有铁路的接触网产生碰撞，项目依据此模拟，结合现场实测接触网位置及标高，对接触网进行了提前改造，避免了转体过程的潜在风险源，节约后期因改造而影响的工期约 8 天，产生了极大的经济效益。其中钢筋为 7500 元/天，混凝土为 1000 元/m^3，周转下料为 600 元/t，延误一天工期罚款约 2 万元，共计节省约 20 万元。

4. BIM 辅助施工进度模拟

通过 BIM 技术对建设项目的施工过程进行仿真建模，建立 4D 信息模型的施工冲突分析与管理系统，实时管控施工人员、材料、机械等各项资源的进场时间，避免出现返工、拖延进度现象。通过建筑模型，直观展现建设项目的进度计划，并与实际完成情况对比分析，了解实际施工与进度计划的偏差，合理纠偏并调整进度计划。4D 模型使管理者对变更方案带来的工程量及进度影响一目了然，是进度调整的有力工具。

通过基于 BIM 技术的进度模拟，节约项目整体工期 8 天，共计节省约 16 万元。

5. BIM 辅助质量安全管理

通过 BIM5D 的质量安全管理功能，在一定程度上解决了现场施工过程中的质量安全问题，将现场的问题拍照留存反馈到平台，项目管理人员能够随时查看，有效解决了之前施工中出现的信息丢失、处理不当等事项。管理人员可通过平台将所有的质量安全问题进行统计，生成曲线分析图，方便质量安全问题的统计，提高了施工管理水平。

2018 年 4 月 25 日～2018 年 12 月 20 日有效处理了 63 次质量问题、87 次安全问题、为项目挽回 17 次 2000 元的处罚、19 次通报批评、3 次停工整顿，并及时杜绝了问题的蔓延，挽回了经济损失，共计节省约 4 万元。

6. 模型轻量化应用

BIM 模型轻量化的应用有效解决了模型过大而无法查看的问题，项目管理人员可以通过手机端或网页端随时随地浏览项目 BIM 模型，查看现场施工复杂节点的模型，可辅助现场人员更为直观的理解复杂节点，显著提高了现场施工时间。

由于轻量化 BIM 模型的应用，项目管理人员不需要操作软件，使用日常工作电脑即可参与到 BIM 协同管理过程中，减少了各部门配置 BIM 工作站与软件采购的需求。按照部门配置，项目减少工作站采购约 10 台，减少软件采购 10 余套，节省成本约 30 万。

7. BIM 模拟转体施工

"三线四桥"同时转体，在国内属于罕见的现象，施工难度极大。同时，在转体过程中，对京九线、京沪线的正常运行也会造成潜在的影响。项目利用 BIM 技术对本次"三线四桥"的施工进行了充分模拟，分析转体过程对既有线路的影响，辅助既有线路的接触网临时改造，顺利保障京九线、京沪线的正常运行。

通过对转体的模拟，提前发现转体桥梁在转体过程中会与铁路现有接触网碰撞，利用 BIM 模型进行接触网改造方案编制，提前解决与接触网的碰撞问题约 20 个，避免经济损失约 10 万元。

8. BIM 协同平台及信息管理

协同平台的应用使模型与信息不受时间和空间的限制，有效解决不同站点、不同参与方之间的通信障碍，以及信息的及时更新和发布等问题，这对于节省项目获取信息的时间周期，提高项目管理的效率、节约成本也起到了积极的推动作用。

与传统工具传递文件相比，协同平台的应用，信息沟通效率提升约 50％，同时因为确保了信息源的统一，避免了项目因图纸或方案版本不一致造成的潜在风险，产生了显著的经济效益，总计节省约 10 万元。

4.2 思考与展望

BIM 作为发展中的技术，其实施效果与现有的工具、人员综合素质息息相关，项目 BIM 实施目标应按照现阶段行业整体 BIM 应用水平进行定义。

BIM 真正落地的方向并不是高大精尖的"黑科技"，利用 BIM 可视化、信息化、协同性的特质，通过不同 BIM 应用点的组合解决项目施工过程中的各项重难点问题，才是 BIM 提供生产力的本源。

通过本项目 BIM 的实施，培养了一批真正可以将 BIM 技术作为一种工作技能的优秀人才。未来，从项目到集团层面，也会逐渐将 BIM 技术从探索性应用转变为可复制性的生产性应用，并加大培训力度，使 BIM 成为从业人员的必备技能。

案例四 北京轨道交通新机场线一期工程土建 03 标

1 项目概况

1.1 项目基本情况

北京轨道交通新机场线是服务于北京新机场航空客流的专用线路，是国家重点项目，对促进京津冀协同发展，服务国家对外开放的大局有非常重要的意义。北京市轨道交通新机场线定位为快速、直达、高品质的轨道交通专线，是北京市轨道交通路网和新机场配套设施的重要组成部分。设计时速高达 160km/h，南起新机场北航站楼，北至草桥，全长 41.36km，如图 1 所示。其中草桥站设计值机及行李托运功能，将新机场服务功能延伸至市区，新机场线以乘客需求为导向，提供便捷、舒适、安全的高水准服务。新机场线建成之时将与新机场一同代表着中国的形象。

本标段位于北航站楼站-磁各庄站高架区间，是一期工程土建施工 03 合同段，里程桩号为 K16＋216～K25＋513.40，线路全长 9.3km，包含共构段 7.9km，非共构段 1.4km。工程施工内容包含共构段下部结构施工、轨道交通上部结构施工及预制梁施工。

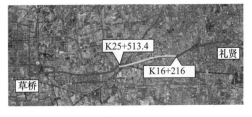

图 1 新机场线地图示意

"路轨共构"即新机场高速公路与新机场轨道共同建设，新机场高速公路线位于高架桥的顶层，机场轨道线位于中层，地面为预留的规划团河路，形成三层立体交通走廊，如图 2～图 5 所示，有效地节约了土地资源，提高了空间利用率。高架共构结构整体形式为"开"字型。预制梁场位于大兴区魏善庄镇主线 K17＋200 西侧，占地 10.846 公顷，主要负责 K16＋216～K24＋691.7 施工段落内 478 片箱梁预制工作。

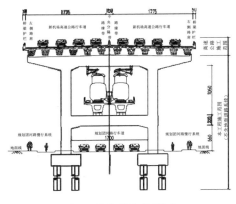

图 2 共构段结构形式

图 3 共构段桥梁效果图

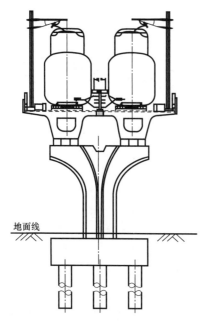

图 4　非共构段结构形式

图 5　非共构段桥梁效果图

本工程政治意义强、难点多，2017 年 6 月 1 日开工，预计竣工时间为 2019 年 4 月 30 日，必须保证新机场全线 2019 年 9 月 20 日通车的整体工期，同时涉及拆迁、环境干扰等因素，工期紧张，工程体量大，见表 1，对建设管理和施工组织提出了更高要求。

主要工程数量表　　　　　　　　　　　　　　　　　　　表 1

分项工程	单位	数量
桩基	根	3478
承台	座	599
下墩柱	根	589
中横梁	座	249
上墩柱	根	516
上盖梁	座	244
花瓶墩	座	27
预制梁	片	478

1.2　参建单位情况

工程主要参建单位见表 2。

参建单位列表　　　　　　　　　　　　　　　　　　　表 2

单位类别	单位名称
建设单位	北京城市铁建轨道交通投资发展有限公司
建设管理单位	北京市轨道交通建设管理有限公司
设计单位	中铁工程设计咨询集团有限公司

单位类别	单位名称
勘察单位	北京市勘察院研究有限公司
监理单位	北京逸群工程咨询有限公司
施工单位	北京市政路桥股份有限公司

1.3　项目重难点及 BIM 应对措施

本工程地处北京大兴城区，标准化要求极高；体量大，全线共构段 244 轴、非共构段 27 轴，工程总投资 16.57 亿元；工程结构复杂，新机场线全面开工，且与京霸铁路交叉施工，施工难度大。同时，本项目为 PPP 项目，受拆迁影响，工程勘测滞后，全面开工后存在变更较多，工期影响大。综合分析各项重点难点，项目部制定了对应的 BIM 解决方案，总结如下：

1.3.1　安全文明标准化施工要求高

重难点：北京新机场轨道工程是连接新机场至主城区的主要交通线路，施工区域穿越人口密集地区，安全文明标准化施工要求极高，必须严格按照建设管理单位的《绿色文明施工标准化管理手册》施工，如图 6 所示。同时，也必须满足公司内部的《标准化管理手册》的要求，如图 7 所示，在施工组织上需要妥善安排、处理，尽量将工程对环境的影响降到最低。

BIM 解决方案：在驻地建设、场地布置的过程中，需要按照建设管理单位要求，提前利用 BIM 技术建立三维场布模型，模拟优化场地布置方案，依照方案进行建设，确保标准化建设落地。

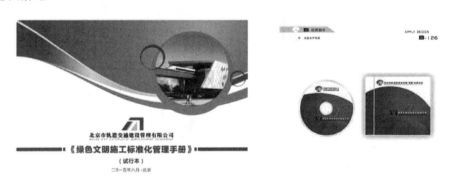

图 6　《绿色文明施工标准化管理手册》　　　图 7　公司《标准化管理手册》

1.3.2　节点钢筋密集，安装精度要求高

重难点：共构段中横梁需承担轨道交通部分的荷载，中横梁配有预应力筋，中横梁端部与墩柱连接处同时存在预应力波纹管、锚固端、墩柱主筋、箍筋等，钢筋密集，如图 8、图 9 所示。依照设计图纸加工好钢筋后，现场绑扎易产生冲突，而墩柱主筋直径 32mm，箍筋直径 16mm，一旦安装顺序出现差错，现场往往无法调整，需要返工。同时，钢筋过密可能导致浇筑后混凝土握裹力不足。

BIM 应对措施：在钢筋施工前，需应用 BIM 技术建立钢筋模型，并进行碰撞检测，根据检测报告，分析钢筋加工尺寸是否合理，针对不同的影响情况，确定相应的处理方式，并模拟钢筋安装顺序，保证施工安全、质量。

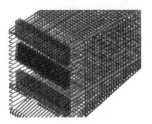

图 8　中横梁端部钢筋　　　　　　　　　　图 9　中横梁整体钢筋

1.3.3　长悬臂大上盖梁施工难度大

重难点：新机场轨道线与北京市其他高架桥梁相比较，盖梁位置高，最高桥墩28.5m，上盖梁施工整体外形为长条形实心混凝土结构，上盖梁自重达到550t，悬臂长度7.95m，施工风险高、难度大。上盖梁施工方法较多、流程复杂，三角托架法、抱箍法、落地钢管柱支架法、满堂支架法，在成本、场地利用、工期、施工难度等方面各有优劣。本工程体量大、施工工期紧张，同时新机场轨道线全线开工，周边还有京霸铁路等工程，如图 10 所示，钢管柱、脚手架等物料供应紧张，需要尽早确定行之有效的施工方法。同时，所有结构成型后均无装饰，外观为清水混凝土，对模板精度要求极高，如图 11 所示。

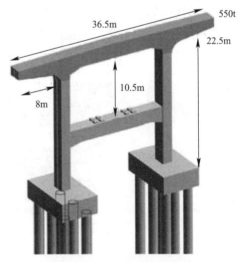

图 10　新机场轨道与京霸铁路交叉施工　　　　　图 11　上盖梁尺寸参数

BIM 应对措施：按照其施工方式设计模板，配备相应的机械及附属设施，利用 BIM 技术对各项施工方法的成本、工期等方面进行模拟比选，综合选择合理的施工方案，以保证工期、节约成本。对模板进行精确的深化设计，导出图纸，辅助模板厂家加工精确的模板。

1.3.4　共构段箱梁架设难度大

重难点：共构段箱梁架设最合适的时点在中横梁施工完成时，但此时吊装会严重制约上墩柱和上盖梁施工进度，上盖梁需要对上部高速公路业主交付，架设高速公路箱梁，不能耽误总体工期。如果施工完上墩柱或上盖梁再进行吊装，则吊装难度大幅增加，而且此方案需大量吊车、频繁转场，整体吊梁速度慢，资源消耗大，同样无法保证总体工期。如果考虑用架桥机架设轨道箱梁，中横梁与上盖梁之间净距仅有 10.5m，单片梁重 265t，现有架桥机无法完成。如图 12、图 13 所示。

图 12　中横梁施工完吊装　　　　图 13　有上墩柱吊装

BIM 应对措施：为避免上盖梁施工与轨道箱梁架设两者之间的冲突，最终决策为先施工上墩柱和上盖梁，向高速公路业主交付，保证高速公路箱梁架设工作面。设计一种适用于共构结构的低矮架桥机，完成穿越 10.5m 的有限空间架设轨道箱梁施工，并对方案进行详细建模、方案模拟、碰撞检测。

1.3.5　预制梁质量标准高、形式多，生产管理难度大

重难点：预制梁场主要负责 K16＋216～K24＋691.7 施工段内 478 片箱梁预制工作，新机场线周边存在同期施工的京霸铁路、新机场高速公路等项目，交叉施工项目多，区域附近同时存在其他梁场，易发生构件识别错误导致无法安装等情况，影响施工进度。

BIM 应对措施：为优质、快速完成制梁、运梁、吊梁任务，保障工程工期、质量，需利用 BIM 技术对梁场建设、管理进行全面规划，优化管理钢筋加工区、预制区、存梁区、运梁通道等，确保预制梁顺利吊装。如图 14 所示。

图 14　新机场轨道预制梁场鸟瞰

1.3.6　新魏永路多次导改，交通环境复杂

重难点：新魏永路是大兴区东西横向的主干道，交通流量较大，导行要求严格。

G202、G203轴桩基、承台施工时，需占用部分魏永路路基，基坑开挖会破坏应急车道，需左右幅分阶段利用中央隔离带进行交通导行。上部G201～G204三跨的钢箱梁分5节加工，钢箱梁吊装、拼接施工需占用魏永路行车道做临时支墩，根据吊装顺序分阶段断路。

BIM应对措施：交通导改阶段多、周期长，用BIM可视化技术将二维导行方案图纸三维立体化，用第一人称行车视角，直观展现各不同阶段的导行设施布置效果，便于参与人员讨论调整，强化实施人员理解。同时可生成多阶段动态化导行演示视频，辅助导行方案报批。如图15所示。

图15　G201～G204轴钢箱梁吊装导行模拟

1.3.7　管线拆改及保护数量多，施工环境复杂

重难点：魏永路南北两侧有电力方沟、燃气管线、歌华有线，如图16所示，影响G202、G203轴下部结构施工，且此部分管线需协同京霸铁路桥墩施工，共同制定改移方案。110KV高压线悬高18.8m，影响G186、G187轴下部结构施工，需要在施工前完成拆改移位。

图16　G202～G203轴燃气、电力管线图纸

BIM应对措施：应用BIM技术对现有管线与即将施工的桥墩进行碰撞检测，确定改移施工范围，保证施工的准确、安全。

1.3.8　体量大、工期紧、影响因素多，工程筹划难度大

重难点：本工程体量大、工期短、结构形式多样、用地紧张，同时因为拆迁原因造成延误，一旦具备大面积施工的条件，必然面临多班组、多工作面、多种施工同时作业的问题，不同工序之间交互影响较大，对安全、质量、进度的施工组织管理要求极高。

BIM 应对措施：利用 BIM 技术的特点，应用信息化的管理手段，强化各单位之间的协同工作，提高质量、安全、进度管理效率。

1.3.9　社会关注度高，形象进度展示多样化

重难点：本工程为北京市重点工程，受到各级领导和社会各界关注，需频繁向各单位报送进度完成情况。区别于传统的建筑工程，本工程为长达 9.3km 的线性工程。传统的进度数据表格不够直观，在图纸上进行标注则因为环境大、构件小而不易阅览，难以有效展示线性工程形象进度。

BIM 应对措施：在 Revit 中建立全线模型，通过颜色和透明度对已完工程、本周期完成工程、未完成工程进行区分，形成生动直观的形象进度图，如图 17 所示。结合 3D 打印技术，根据实际施工进度，打印工程模型，置入沙盘，在现实空间内详实展示形象进度，便于讨论和决策。

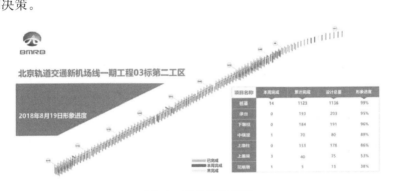

图 17　形象进度报送

2　BIM 实施组织策划

2.1　BIM 应用目标

BIM 技术是当下行业热点，是把标准体系融入建筑的虚拟建造过程中，用信息技术系统地管控建筑全生命周期的每一个环节的关键手段。根据住建部《2016-2020 年建筑业信息化发展纲要》和交通部《关于推进公路水运工程 BIM 技术应用的指导意见》，基于公司自身 BIM 推广应用战略，结合项目实际 BIM 应用需求，确定了以下 BIM 应用目标：

（1）构建项目 BIM 组织体系：通过本项目的 BIM 试点应用，建立项目 BIM 组织体系，并通过项目 BIM 实施效果的反馈，有针对性的调整，不断完善；贯彻执行以项目经理为核心、全员参与的 BIM 应用方针，由项目经理推动项目 BIM 技术应用，统筹协调项

目各部门配合 BIM 小组开展 BIM 应用；建立协同工作机制，针对各项 BIM 应用点，合理分配部门任务，优化全员工作流程。

（2）优化施工部署、方案：利用 BIM 技术，模拟场地布置，优化场布方案，根据驻地标准化模型指导施工；模拟各项施工方案，利用 BIM 技术进行优化，并生成施工方案模拟三维动画，辅助交底理解；利用 BIM 模型内的大量信息，快速提取工程量、计算工期、提取资源需求曲线等，辅助决策分析。

（3）攻克重难点技术问题：针对共构段上盖梁施工难度大、方案选择要求高，共构段轨道箱梁架设和上盖梁施工工期要求冲突、预制梁数量庞大管理要求极高等各项工程关键性重难点问题，利用 BIM 技术，模拟验证施工方案、综合评价施工方案的各项经济指标、开发自有平台管理预制梁生产加工，攻克各项重难点技术问题，确保工程按期保质完工。

（4）提高项目管理水平：利用 BIM 云平台，将各工区各个作业队的管理人员协同至同一平台，在平台上完成质量、安全、进度、资料的管理，形成管理闭环。云平台结合 APP 的方式实现信息高效流通、推送，各项管理工作留痕，改善传统管理电话找人、资料丢失、管理信息无记录等弊端，提升项目综合管理水平。

（5）培育 BIM 人才：针对业主单位、BIM 中心、项目管理人员、劳务作业队工长等各层级应用者，开展 BIM 培训；通过持续在项目上开展各项 BIM 应用，培育基础建模、模型应用、云平台建设管理、协同工作等各方面的 BIM 人才。

（6）编制企业 BIM 应用标准：通过本项目的 BIM 试点应用，探索市政路桥基础设施领域的 BIM 应用技术路线，总结 BIM 应用过程中基础建模、模型应用、云平台应用、协同作业等各项技术经验，形成企业级的建模指南、应用手册等标准，并积累企业族库，将过程经验转化为指导文件，为后续工程创造价值。

2.2 BIM 应用范围

BIM 应用范围及应用内容见表 3。

BIM 应用范围及应用内容 表 3

序号	应用范围	应用内容
		基础应用
1	辅助安全文明标准化施工	根据业主及自身标准化管理要求，利用 Revit 进行标准化的项目驻地平面布置，根据模型进行方案评审、优化；依据标准化驻地模型，导出图纸和工程量明细，指导项目驻地标准化建设
2	钢筋优化设计	利用 Revit，根据施工图纸，对中横梁、上盖梁等结构复杂部位，建立钢筋模型；利用 Navisworks 对钢筋模型进行分组碰撞检测，提前发现钢筋施工存在的碰撞问题，形成钢筋优化设计方案；提高钢筋加工交底效果，减少返工和浪费
3	管线拆改、移位	利用 Revit，根据实测数据，参考设计图纸，建立位置信息精确的电力、燃气管线、高压线塔模型；利用 Navisworks，对各项障碍物与工程 BIM 模型进行综合碰撞检测，精确反映各障碍物与工程结构的位置关系；根据碰撞检测数据制定改移方案，辅助决策
4	辅助交通导行	利用 Revit，针对工程 G201～G204 轴跨魏永路下部结构施工和钢箱梁吊装需要多阶段断路的交通导行方案，建立各阶段工程模型和导行设施模型，利用 BIM 可视化的特点，对各导行阶段的方案及标识标牌布置进行可视化模拟，辅助导行方案的快速报批和交底理解

续表

序号	应用范围	应用内容
		基础应用
5	共构段小箱梁架设模拟	利用Revit，详细建立适用于共构结构的低矮架桥机各项零件模型，配合Navisworks，对专用架桥机穿越10.5m有限空间架设箱梁的方案进行全面的模拟、碰撞检测，验证架桥机施工全过程的可行性。辅助架桥机设计、施工，解决共构段轨道箱梁架设与上部高速公路箱梁架设相互制约的施工重大难题
6	辅助绿色施工规划嵌入模块开发	针对《建筑工程绿色施工规范》和绿色施工场地布置要求，开发Revit绿色施工模块插件，以实现企业内部族库标准化管理。基于插件，可实现绿色施工场地快速布置，推动企业标准化生产
7	AR技术交底	利用Revit，建立中横梁、上盖梁等复杂结构的施工模型，将BIM模型与AR技术进行结合，对施工关键环节进行分解。利用AR现实增强的方式，在技术交底环节提升施工人员对方案的理解效果
8	3D打印形象进度展示	基于全线参数化的BIM模型，按照施工顺序和分部分项划分，3D打印全部工程构件；设计3D打印构件沙盘，按照实际施工进度，置入打印好的构件模型，实现在会议室总览全局进度，辅助进度决策
9	二维码可视化交底	基于BIM模型，利用BIM可视化的特点，对传统施工方案中的PDF、CAD图纸表达进行优化，用三维可视化的方式辅助方案阅读者的理解。对各项方案进行标准化处理，上传至平台，生成二维码，通过手册、展板等方式现场扫描，或者移动通信推送等各种方式，快速传递方案，准确把握工程信息，提高管理精度
10	协同质量、安全管理	利用BIM云平台，将工程全线5个工区7个作业队，总计约90名管理人员协同至同一平台，通过手机APP，查阅、调用既有的人员信息和质量、安全管理信息，在现场完成问题的发现、定责、整改、反馈的管理闭环； 通过平台对各项管理数据的分析，实现生产例会对质量、安全问题的总结、评优、精细化管理，并根据问题分类，精确制定对应的培训方案，降低风险
11	精细化进度优化与协同管理	针对本项目大体量线性工程、多轴类似结构、拆迁影响等导致的进度计划起点多、逻辑性不强、调整频率高的特点，利用专业的进度管理软件，完善关键线路，通过前锋线分析，动态监控实际进度对总体工期的影响； 通过BIM云平台将进度计划与工程BIM模型关联，实现虚拟建造和资源需求模拟，进一步优化进度计划和资源配置。根据优化结果，进行构件级任务派分，责任到人，责任人据实填报对应信息，从而实现整体工期实时管控
12	协同资料管理	利用BIM云平台，将工程相关的图纸、工艺、方案、交底等内容标准化处理，上传至BIM云端，保证资料的版本唯一性和数据的安全性。现场施工人员可以通过手机APP对各项内容进行调用、分享、推送，从而实现信息高效流通和现场无纸化办公
13	施工现场监测控制系统	结合施工场地自身特点和施工管理、监控要求，在施工场地内合理布置颗粒物检测、监控摄像头等物联网设备。通过各项物联网设备集成应用，实现施工场地内环境、人员的综合监控管理，降低事故发生的频率，保证安全文明施工
14	BIM竣工交付数据模型研究	在工程建设初期，按照业主单位的需求，统筹各专业综合图纸，参考运营维护单位的需求，建立全专业BIM模型。随着工程开展，不断根据变更信息修改模型，将深化设计信息、工程进度信息、方案工艺信息、资源材料信息等不断与模型进行整合，最终形成信息完备的竣工交付模型
		创新与示范应用
1	共构结构施工模拟优化、出具图纸	在共构结构中横梁、上盖梁等复杂结构施工前，建立Revit全过程施工临时设施模型，以三维可视化的形式将图纸中复杂的二维节点向施工作业人员展示，辅助理解；利用Naviswork对各项方案进行详细模拟，基于模型，针对安全、占地、工期、造价等各项因素，比选方案，确定最合理施工方案； 对中横梁、上盖梁等复杂结构进行深化设计，建立精确的异形结构模板模型，导出加工图纸，辅助模板加工厂家生产，确保混凝土施工质量

序号	应用范围	应用内容
		创新与示范应用
2	参数化模型建立、整合	利用 Revit，根据施工图纸，结合工程施工顺序和分部分项划分，建立各分部分项工程结构模型；对各项模型进行参数化设置，根据施工图纸，采集各项构件的几何信息和位置信息；利用 Dynamo 程序调用构件信息并驱动参数化构件，一键式布置全线模型，变更仅需要修改参数；得到全线参数化模型，对频繁的工程变更快速反馈，及时向各项 BIM 应用提供最准确的 BIM 模型
3	预制梁二维码信息管理	开发基于 BIM 的预制梁信息管理平台，根据预制梁加工、检测、验收、运输、吊装的生产流程信息，构建二维码，关联模型。现场扫描二维码可以读取编号、桩号位置等既有信息，并录入浇筑方量、生产日期、质检人员等即将产生的施工信息，实现预制梁生产全过程的信息留存和状态查询，从而实现预制梁生产的精细化管理

2.3 组织机构及岗位职责

2.3.1 BIM 应用组织机构

在建设管理单位的统一部署下，由建设管理单位和施工单位共同组建了保障层、管理层、实施层、操作层的四级 BIM 实施组织体系。由建设单位代表和施工单位领导组建形成项目 BIM 实施的保障层，在项目部建立以项目经理为核心，全员参与的组织体系（分为管理层和实施层），同时把劳务作业队伍纳入管理。同时针对各责任部门，进行了细致的任务分工，确定了总体 BIM 应用的工作流程，如图 18 所示。

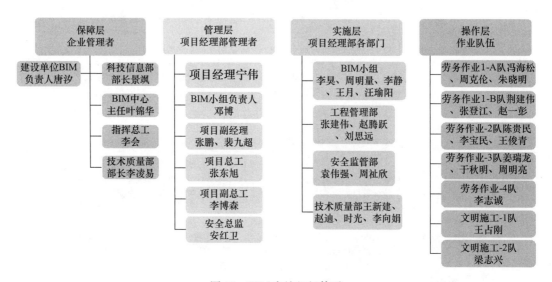

图 18 BIM 实施组织体系

2.3.2 BIM 应用岗位职责及人员配备

（1）保障层：企业管理者（配备人数：5 人）

由建设管理单位、施工单位的管理者作为 BIM 应用的保障层，负责企业内部协调管理，为 BIM 在新机场轨道工程中的实施提供总体政策、技术、资源保障。

（2）管理层：项目经理部管理者（配备人数：6 人）

项目经理：BIM 应用的核心领导者，负责组建 BIM 团队，对 BIM 技术在本项目中的应用负组织、协调与管理职责，统筹协调项目各部门配合 BIM 小组工作，积极推动 BIM 技术的应用。

BIM 小组负责人：负责项目的 BIM 实施工作，制定 BIM 应用工作计划，组建工作团队并分配任务；BIM 技术应用的跟踪、管理、总结，对实施效果负责；BIM 创新点研究与应用。

项目副经理：负责协调 BIM 技术现场的应用和推广，组织项目技术人员和专业分包单位人员进行 BIM 技术的学习和培训，负责 BIM 协同平台在现场的应用效果。

项目总工：负责项目具体工作与 BIM 小组的对接，为 BIM 小组工作的开展提供技术指导。

安全总监：负责 BIM 安全管理应用落地，确保 BIM 实施人员按照安全施工要求工作。

（3）实施层：项目经理部各部室（配备人数：14 人）

BIM 小组：负责模型建立及深化设计，BIM 新技术应用；负责软件二次开发工作；负责编制相关文件和总结技术成果；负责制作宣传图像和交底视频。

工程管理部：负责场地布置、虚拟建造、精细化进度管控、预制梁二维码信息管理等方面的应用。

技术质量部：负责图纸会审、钢筋优化设计、部分模型深化、工艺仿真、技术交底、辅助交通导行、协同质量管理等方面的应用。

安全保障部：负责安全文明标准化建设、安全交底、协同安全管理、线上安全教育培训等方面的应用。

（4）操作层：专业分包单位（配备人数：15 人）

由各分包单位现场的总体、质量、安全负责人组成，配合项目经理部 BIM 小组和各部室工作人员，应用 BIM 技术优化施工，对 BIM 应用形成的成果、数据进行上报。

2.4　软硬件配备

2.4.1　软件配备

项目 BIM 实施软件配备情况见表 4。

软件配备表　　　　　　　　　　　　　　　　　　　　　　　　表 4

序号	软件名称	版本	单机/协同	软件用途
1	Revit	2018	单机	全线模型建立及深化设计、模型集成、材质属性和参数的赋予
2	AutoCAD	2018	单机	各类图纸编辑、修改
3	Navisworks	2018	单机	模型碰撞检测、施工方案模拟、施工工序模拟、技术交底视频制作
4	InfraWorks	2018	单机	根据定位读取卫星三维地图，进行初始方案的设计和展示，辅助场地规划
5	3ds MAX 2018	2018	单机	复杂施工工艺模拟仿真，贴图输出视觉效果逼真的模型及相应视频文件
6	Dynamo	1.2.2	单机	参数化设计、可视化编程

续表

序号	软件名称	版本	单机/协同	软件用途
7	Lumion	8.0	单机	根据现有模型制作视觉效果较好的图片和视频,用于项目文化宣传
8	广联达 BIM 5D	\	协同	用于项目部与劳务作业队质量、安全、进度的协同管理,同时针对全线施工模型,进行进度计划关联、派分、施工模拟等
9	广联达 GCB	\	单机	项目驻地、构件预制场三维场地布置、仿真
10	广联达斑马进度	\	单机	工程进度计划排布、调整
11	Photoshop CC 2018	2018	单机	渲染图片的调整及贴图素材制作
12	After Effects CC 2018	2018	单机	视频后期特效和剪辑
13	Premiere Pro CC 2018	2018	单机	视频整合、配音及输出
14	预制梁信息管理平台	\	协同	对预制梁生产、运输、安装实现全过程精细化管理和信息留存

2.4.2 硬件配备

项目 BIM 实施硬件配备情况见表5。

硬件配备表 表5

序号	设备名称	型号	数量	配置	用途
1	台式工作站	T7810	1	Xeon E5-2603 v4@1.70GHz 六核 内存 32GB 固态硬盘 256G/存储硬盘 2T 显卡 Nvidia Quadro M2000 4GB	模型建立、场地布置、管线改移、辅助导行、钢筋优化、方案模拟、AR 制作、平台开发、BIM 5D 设置等一系列基础应用操作
2	台式工作站	T7810	1	Xeon E5-2603 v3@1.6GHz 六核 内存 16G 主硬盘 2T 显卡 Nvidia Quadro K4200 4GB	
3	台式工作站	自组	1	Core (i7) -4790@3.6H 四核 内存 8G＊4 固态硬盘 120G/存储硬盘希捷 1T 显卡 GTX960 4G	
4	台式工作站	自组	1	Corei7-7700HQ@2.8GHz 内存 24GB 显卡 Nvidia-aGeForceGTX1050ti 4GB 独显 ＋ intel(R) HD-Graphics630128GB 固态＋1TB 硬盘	
5	移动工作站	M6800	1	Core i7-7820HQ@2.90GHz 四核 内存 16G 固态硬盘 512G,存储硬盘 512G,显卡 Nvidia Quadro M620 2G	需移动使用时替代台式工作站功能
6	移动客户端	各类手机	\	IOS/Andriod	配合 BIM 5D PC 端及网页端的信息采集、录入、处理及反馈
7	3D 打印机	Z500	1	360×350×560mm	3D 打印形象进度展示构件

2.5 项目 BIM 应用流程及管理制度

2.5.1 BIM 应用流程

本项目 BIM 应用由业主方牵头,施工方作为实施主体单位,设计院未提供 BIM 模型。

项目整体 BIM 实施流程为：基于设计院提供的图纸创建 BIM 模型；根据拟解决的问题及策划的 BIM 解决方案，对模型进行深化，建立整体方案模型、临时措施模型等；根据模型，进行方案模拟、进度模拟、质量安全管理等一系列应用，BIM 应用流程如图 19 所示。

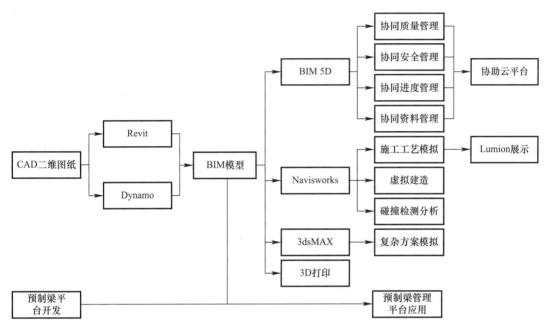

图 19 项目 BIM 实施流程图

2.5.2 BIM 应用管理制度

如图 20 所示，项目在开展过程中，制定了《BIM 实施策划方案》，编制了初版的《市政路桥基础设施 BIM 建模指南》、《市政路桥基础设施 BIM 应用手册》和《市政路桥基础设施 BIM 族库》，确定了 BIM 实施流程，同时制定了 BIM 管理制度，确定了 BIM 参与各方的协作流程，规定了考核及奖惩办法，确保项目 BIM 实施落地。

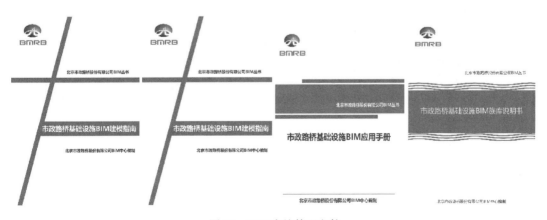

图 20 BIM 实施管理文件

为保证 BIM 各参与方沟通协调顺畅、及时，确保 BIM 应用能够按照流程实施，项目定期组织碰头会议。会议形式为面对面会谈；频率为每周一次，可根据工作需要灵活调整；参会人员为各 BIM 应用内容负责人；会议地点为项目部会议室；会议内容主要包括本周完成情况、上周问题整改情况、下周工作计划、需要配合协调的内容、工作重难点等。

3 创新与示范应用

3.1 共构结构施工模拟优化、出具图纸

3.1.1 应用内容

新机场轨道线与北京市其他高架桥梁相比较，盖梁位置高，最高桥墩 28.5m，上盖梁施工整体外形为长条形实心混凝土结构，上盖梁自重达到 550t，悬臂长度 7.95m，施工风险高、难度大。同时，本工程体量大、施工工期紧张，同时新机场轨道线全线开工，周边还有京霸铁路等工程，钢管柱、脚手架等物料供应紧张，需要尽早确定行之有效的施工方法，优化资源配置；全线桥梁结构均为清水混凝土，完成后无任何装饰装修，外观要求高，对模板精度要求严格。如图 21 所示。

图 21 上盖梁施工难度大

根据施工方案建立图 22 所示的钢管柱支撑体系法、图 23 所示的钢抱箍法、图 24 所示的三角托架法的全过程临时设施模型；利用 Navisworks 对施工方案进行模拟，确定方案可行性并计算工期；在模拟过程中对安全、空间占用进行分析；利用 Revit 导出图 25 所示的工程量明细表，辅助估价、资源配置，选定合理的施工方案；基于模型尺寸，结合工程实际，设计钢模板，建立钢模板模型，导出加工图纸，指导模板厂家生产。

图 22 钢管柱支撑体系法

图 23 钢抱箍法

3.1.2 应用流程

（1）工作流程

施工方案模拟优化、出具图纸的流程如图 26 所示。

图 24　三角支架法

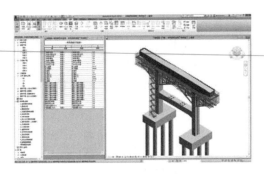

图 25　工程量明细表

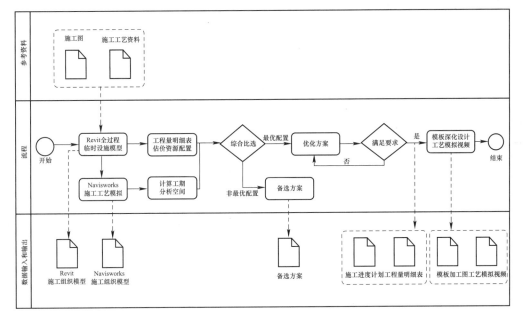

图 26　施工方案模拟优化流程图

（2）工作制度

项目根据工程重点、难点，提前识别需要利用 BIM 技术进行模拟、优化的施工方案，选择对应的方案建立模型，如上盖梁、中横梁施工，综合技术质量部、工程管理部、安全保障部、生产经营部，对方案的技术、工期、安全、经济指标提出的要求，完善不同方案的 BIM 模型。

模型建立后，结合 Revit 和 Navisworks 对不同方案的各类指标进行分析对比，确定最优方案，并对最优方案进行持续优化，得到用以指导施工的具体方案。其余方案作为备选方案，以备临时设施物料供应不足时选用。

根据所选方案导出完善的施工进度计划和工程量明细表，辅助资源配置。对必要的工程构件进行深化设计，保证施工质量，如上盖梁、中横梁复杂构造模板的深化设计。

（3）工作标准

施工方案模拟优化之前，应根据工程重点、难点，编制初步的施工方案，确定拟选取的施工工艺流程和相关技术需求，不同方案模拟标准要求如下：

1）土方工程施工工艺模拟应根据开挖量、开挖顺序、开挖机械数量、土方车辆运输能力、基坑支护类型及换撑等因素，优化土方工程施工工艺，并进行可视化展示或施工交底。

2）模板工程施工工艺模拟应优化模板数量、类型，支撑系统数量、类型和间距，支设流程和定位，结构预埋件定位等，并进行可视化展示或施工交底。

3）临时支撑施工工艺模拟应优化临时支撑位置、数量、类型、尺寸，并宜结合支撑布置顺序、换撑顺序、拆撑顺序进行可视化展示、施工交底。

4）大型设备及构件安装工艺模拟应综合分析施工过程中的障碍物等因素，优化大型设备及构件进场时间点、吊装运输路径和预留孔洞等，并宜进行可视化展示或施工交底。

5）复杂节点施工工艺模拟应优化节点各构件尺寸、各构件之间的连接方式和空间要求，以及节点施工顺序，并宜进行可视化展示或施工交底。

6）脚手架施工工艺模拟应综合分析脚手架组合形式、搭设顺序、安全网架设、连墙杆搭设、场地障碍物、卸料平台与脚手架关系等因素，优化脚手架方案，并宜进行可视化展示、施工交底。

7）预制构件拼装施工工艺模拟应综合分析连接件定位、拼装部件之间的连接方式、拼装工作空间要求以及拼装顺序等因素，检验预制构件加工精度，并宜进行可视化展示、施工交底。

施工工艺模拟中，对工序交接、施工定位等存在的问题要及时记录，形成分析、优化报告，及时对问题进行优化，优化后的模型尽快协同反馈更新。

施工方案模拟应生成 Revit 施工组织模型，以便于精确的查看及管理；并生成对应的 Navisworks 施工组织模型，便于方案的快速模拟、应用分析。方案比选的工程量统计需包含主体工程、主要临时设施的工程数量。全过程临时设施模型精度不低于 LOD 300，用于加工指导生产的深化设计模型精度不低于 LOD 400。

3.1.3　应用小结

（1）实施经验教训

项目针对上盖梁施工难度大的问题，对上盖梁施工的钢管柱支撑体系法、钢抱箍法、三角支架法进行了详细的施工方案模拟，根据不同方案，建立了精确的全过程施工模型，依据模型进行方案模拟与交底；对各项方案的技术、工期、安全、经济指标进行了完善的分析，最终选取了最符合工地实际需求的方案，取得了良好的效果。

同时，利用三维可视化效果，优化了施工人员对复杂工艺的理解，生成的施工工艺模拟视频可以在项目任意位置对工人进行可视化交底，强化交底效果。对上盖梁、中横梁这种存在多个曲面的复杂构造物的模板，进行深化设计，优化了模板的分割方案，设计了精准的模板，导出加工图纸。配合模板生产厂家，制造了精准的模板，保证了混凝土外观。

受限于企业标准化族库积累不足，以及行业的标准化程度不高，目前的 BIM 施工方案模拟多数需要针对当下的情况，选取大量非标准的临时设施构件，从而导致建模工作量大，统计方式不标准，整体效率不够高。所以 BIM 施工方案模拟优化应选取施工难度较大、有较高分析价值的工程，有针对性地开展应用，并且在开展之前做好充分准备，节约时间。

（2）经济、社会效益分析

上盖梁施工是本工程的重难点问题，通过对上盖梁钢管柱支撑体系法、钢抱箍法、三角支架法的细致模拟和比选，综合考虑临时设施物料供应和工期的需求，最终选定了钢管柱支撑体系与三角托架法结合的施工方案，并根据施工方案模拟生成了施工工艺模拟动画，用于可视化交底，强化各级交底效果，如图 27～图 29 所示，施工过程中取得了良好的效果，确保了工程安全、按期完成。在施工过程中，由于周边各项工程同期开展的原因，出现了钢管柱供应不足的情况，两种方法结合施工也避免了因物料不足而影响工期。

图 27　三角托架法施工工艺模拟

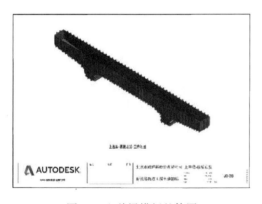

图 28　上盖梁模板整体图

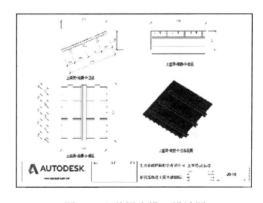

图 29　上盖梁底模-2 设计图

　　基于精确的上盖梁模板深化设计模型，划分设计了 LOD 400 的上盖梁模板体系，导出加工图纸，配合模板生产厂家，制造了精准的模板，保证了清水混凝土的外观。综合节约人工费约 32 万元、材料费约 78 万元、机械费约 40 万元，节约工期约 20 天。

3.2　参数化模型建立与整合

3.2.1　应用内容

　　本工程为路轨共构的线性工程，全部是高架桥区间，主要有图 30 所示的五种结构断面；全线共构段 244 轴、非共构段 18 轴，桩基、承台等各项构件数量庞大，且同一断面形式在不同轴，标高、桩长、桩径、下墩柱长度等构件参数不同，建模工作量大；本项工程涉及拆迁导致工期延误，变更次数多等问题，手动建模效率太低，需要自动化建模。

| 共构段标准墩 | 匝道加宽段 | 出口段 | N0~N4 | N5~N17 |

图 30　全线主要五种断面形式

在 Revit 软件中导入 CAD 平面总图，生成轴网，综合考虑工区及建模工作量划分区域；按照施工顺序将工程模型分解为图 31 所示的桩基、承台、墩柱等各项构件，建立各项 LOD 300 构件族；对各项构件族进行参数化设置，如图 32 所示，如构件坐标、桩径、桩顶标高、桩底标高，在 Revit 中可通过参数直接驱动构件；通过设计文件获取所需各项参数，形成如图 33 所示的 Excel 表格；编制 Dynamo 模型布置程序；利用 Dynamo 如图 23 所示，读取 Excel 参数，选择构件，并按照参数进行布置。如图 34～图 36 所示。

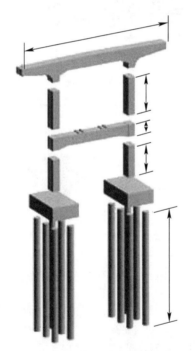

图 31　按施工顺序分解模型

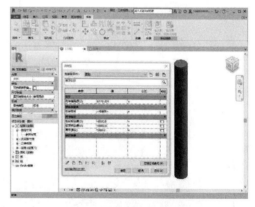

图 32　桩基参数化设置

桩号	X	Y	直径D (m)	桩顶标高H1 (m)	桩底标高H2 (m)
G175-1	501565.4159	277258.4125	1.5	28.277	-26.723
......					
G176-5	501558.2508	277286.2037	1.5	28.314	-26.686
......					
G177-8	501574.3559	277315.8636	1.5	28.351	-26.649
......					

图 33　桩基参数配置表图

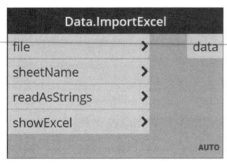

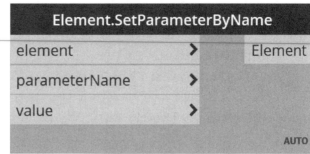

图 34 Dyanmo Excel 读取节点　　　　图 35 Dyanmo 对构件赋予参数节点

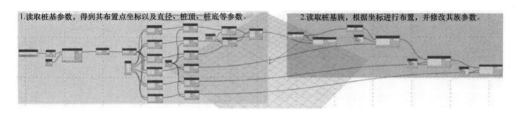

图 36 Dynamo 桩基布置程序

3. 2. 2 应用流程

（1）工作流程

参数化模型建立与整合的应用流程如图 37 所示。

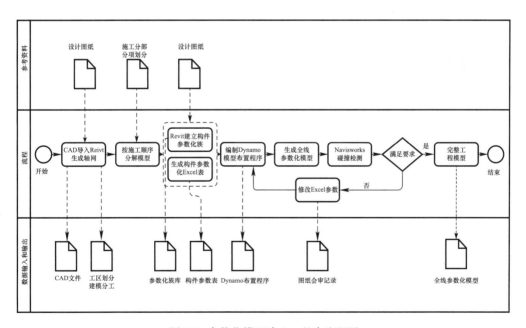

图 37 参数化模型建立、整合流程图

（2）工作制度

本项目全部的模型建立工作均由 BIM 小组完成，各相关部室对模型提出要求，待

BIM 小组建模完成后再对 BIM 模型展开应用。由 BIM 小组负责人作为模型质量负责人，CAD 导入 Revit 生成轴网之后，划分施工区域，并把建模任务分工至 BIM 小组各成员手中，由此开展建模工作。

所有的构件必须按照施工顺序进行分解，在 Revit 中建立标准的参数化模型，由参数驱动模型符合图纸数据。同时，将图纸中的数据提取为标准的 Excel 表格。编制全面的 Dynamo 布置程序，由 Dynamo 驱动全部的 Excel 参数，调用参数化族，一键式生成全线参数化模型。

在 Navisworks 中对参数化模型进行复核，如发现问题，则形成图纸会审记录。后续的改动以及变更均对 Excel 中的参数进行修改，并形成变更记录。不同阶段的模型都应组织审核，审核要点及相关要求见表 6。

施工图 BIM 建模审核制度   表 6

阶段	审核内容	审核要点	审核主体	参与方	审核频率
施工阶段	施工图 BIM 建模	模型合规性、图模一致性	BIM 小组自审/技术质量部复核	业主/施工/设计	建模时期
	图纸审核报告	问题有效性、问题是否封闭	BIM 小组自审/技术质量部复核	业主/施工/设计	每周
	模型应用成果及报告	成果合规性	BIM 小组自审/技术质量部复核	业主/施工/设计	应用实施阶段
	变更模型	图模一致性	BIM 小组自审/技术质量部复核	业主/施工/设计	每次变更
	模型应用成果及报告	成果合规性、实施阶段的动态管控	BIM 小组自审/技术质量部复核	业主/施工/设计	应用实施阶段
竣工交付阶段	竣工模型	检查竣工模型与竣工图、现场一致性，信息准确性	BIM 小组自审/技术质量部复核	业主/施工/设计	竣工前后每周

（3）工作标准

项目参数化模型建立、整合按照相关标准实施，包括 BIM 模型的分解、命名、参数标准、模型细度标准、构件命名等。

整体模型细度为 LOD300，CAD 轴网导入 Reivt 后需生成详细的工区划分以及建模任务分工；参数化建模准备阶段，需对各不同专业、构件进行详细的参数化设置，例如位置坐标、桩径、桩顶标高、桩底标高等，并从设计文件中提取详细的 Excel 参数表格；编制完善的 Dynamo 模型布置程序；生成 Navisworks 轻量化模型。每一次模型修改和模型变更，涉及的参数版本、Dynamo 程序改动都需要记录。

3.2.3 应用小结

（1）实施经验教训

项目 BIM 策划阶段，我们对 Autodesk、Bentley、Dassault 平台进行了充分调研，Bentley、Dassault 平台更适用于市政基础设施领域，但是采购成本太高，项目级的 BIM 应用难以负担，同时此两款软件在国内施工领域应用相对较少，相关人才和学习资料都非常少。结合本项目整体地势平坦，土方工程量极少，同时全线为多轴类似结构，主要工程量为桥梁工程下部结构和轨道交通梁体的工程特点，选用了 Autodesk 平台的 Revit＋Dynamo 参数化建模体系。

通过 Revit 按照施工顺序建立各项构件，并对其进行参数化设置；应用 Dynamo，采用可视化编程的方式对复杂异形曲面进行建模，并调用参数化族库，根据设计图纸参数驱动模型，一键得到全线参数化模型，后续变更仅需修改参数，无需反复建模，大幅提高建模效率。Dynamo 中的 Excel 读取节点、构件赋予参数节点、模型布置节点等一系列节点，可保留下来，在其他项目中复用；标准的参数化族，也可录入企业标准化族库，在下一个项目中快速提取使用。

Dynamo 是一个新生软件，涉及编程知识，在施工单位项目层面能够熟练应用的人才十分有限，Revit＋Dynamo 这种参数化建模方式往往需要依靠企业 BIM 中心完成，造成建模与实际工程脱节的情况，不易于落地实施。各项施工企业未来需强化软件技能培训，使得基层有足够人才开展深入的 BIM 应用。

（2）经济、社会效益分析

本项目构件数量庞大，且涉及拆迁，导致勘察进度滞后，从而导致工程施工中存在大量变更，手动建模难以满足工程 BIM 应用需求。利用 Revit＋Dynamo 的参数化建模手段，可实现一键式参数化建模，如图 38、图 39 所示，变更仅需修改参数，节约了大量时间，使得建模工作与 BIM 应用相匹配。

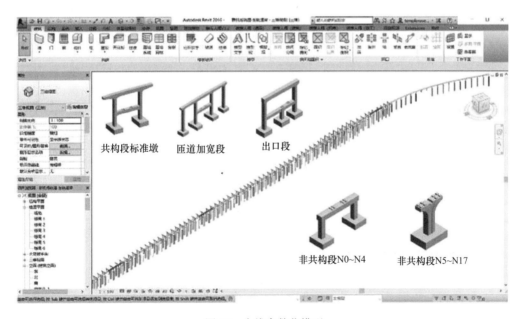

图 38　全线参数化模型

通过建立模型，对施工图纸完成全面的审核，通过对模型的检查，发现了图纸中存在的错误，对部分工程数量不准的内容也进行了核查，综合节约人工费约 6 万元、材料费约 8 万元、机械费约 6 万元，节约工期 3 天。

图 39　整体模型渲染效果

3.3　预制梁二维码信息管理

3.3.1　应用内容

预制梁场主要负责段落内 478 片箱梁预制工作，新机场轨道线周边存在同期施工的京霸铁路、新机场高速公路等项目，交叉施工项目多，区域附近同时存在其他梁场，易发生构件识别错误导致无法安装等情况，影响施工进度。

针对预制梁，开发如图 40、图 41 所示的基于 BIM 数字技术的预制梁二维码信息管理平台，根据构件相关施工、验收、检测等过程中的信息构建二维码。通过扫描二维码的方式，了解、上传、修改构件的施工、试验、养护等各类信息，同时也可以查询构件的生产信息，包括编号、桩号位置、混凝土标号、混凝土方量、生产日期、安装日期等构件信息，从而做到构件信息的可追溯性，生产安装信息时刻校验，保证了施工质量。如图 42 所示。

图 40　预制梁信息管理平台首页

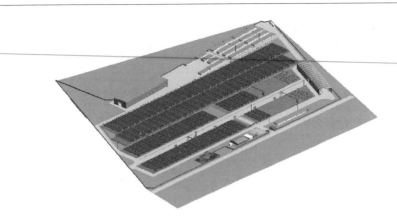

图 41　预制梁场模型预览

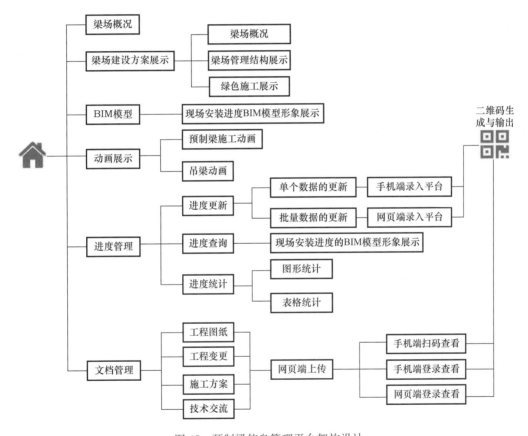

图 42　预制梁信息管理平台架构设计

3.3.2　实施流程

（1）工作流程

利用二维码对预制梁进行管理的应用流程如图 43 所示。

（2）工作制度

由工程管理部牵头，BIM 小组、技术质量部、安全保障部、经营管理部配合，对预制梁生产加工存在的问题、预制梁场建设的各方面要求进行研讨分析，确定预制梁场建设方案，提出预制梁信息管理平台架构，确定各参与部门任务分工。

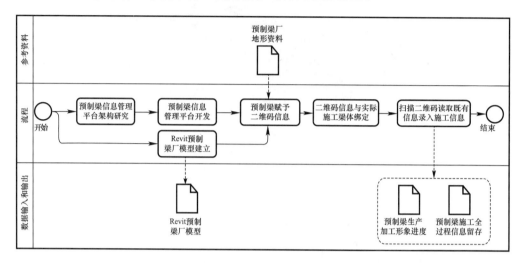

图 43　预制梁二维码信息管理流程图

预制梁信息管理平台架构确定之后，由 BIM 小组负责平台开发工作；同时，根据预制梁场建设方案，建立预制梁场 Revit 整体模型。平台开发完成后，将 Revit 预制梁场整体模型导入平台，录入相关基本工程信息，挂接预制梁生产加工工艺模拟等内容，完成平台基础设置工作。

对所需管理的预制梁，构建二维码，平台内的箱梁通过二维码与实体生产的箱梁进行绑定。通过扫描二维码的方式，了解、上传、修改构件的施工、试验、养护等各类信息，同时可以查询构件的生产信息、包括编号、桩号位置、混凝土标号、混凝土方量、生产日期、安装日期等构件信息。

在管理平台内对各项生产信息进行查看、统计、导出，实现预制梁生产、运输、安装全过程的状态查询和信息留存。通过进度查询模块，定期导出用颜色标记的预制梁生产形象进度。

（3）工作标准

预制梁场的设计方案应按照绿色施工相关规范布置，并满足安全生产、便于施工的总体原则，预制梁场内应包含安全示范区。各项预制梁族应作为单个构件导入，便于平台端控制管理。

预制梁信息管理平台的架构应包含梁场概况、建设方案展示、BIM 模型、施工工艺模拟、生产信息进度管理、文档管理等模块，各模块开发要求由对应管理部门提供。

预制梁模型通过二维码与实体生产的梁体进行绑定，二维码为唯一不变码，平台数据库包含预制梁生产加工的全部信息接口。微信扫描二维码即可快速获取信息，避免软件壁垒，增强现场的通用性。

管理平台的进度查询模块，用颜色标记预制梁生产形象进度，红色表示未预制、黄色表示已预制未架设、蓝色表示已架设、灰色为钢箱梁。进度统计模块应能导出完整的 Excel 全过程信息文件。

3.3.3　应用小结

（1）实施经验教训

预制梁生产管理工作是本项目的一项重难点任务。基于预制梁生产管理的独立性，以及在后续工程中高度的可复制性，本项目决定单独开发预制梁信息管理平台，辅助实现精细化管理的同时，也为公司后续其他工程的预制梁场管理提供参考经验和管理软件。

本项目通过综合应用 Revit 模型和自身开发的管理平台，基于预制梁施工、验收、存放、运输、安装的生产过程，构建二维码，连接 BIM 模型与工程实体，实现了生产全过程信息的快速集成。

如果采用专用的手机 APP 作为信息连接通道，虽然专业性强，可实现内容多，但是会涉及大量的 APP 开发、APP 安装培训等工作，而现场管理人员更愿意用自有的工具，所以最终选用二维码为信息连接通道，简单高效。

（2）经济、社会效益分析

通过开发基于 BIM 数字技术的预制梁二维码信息管理平台，建立构件、模型、二维码关联的信息传递模式，利用二维码作为信息读取、录入的接口，简洁易用，工地上每个工人、管理人员均可快速学会如何使用。通过二维码的信息传递，实现了全部 478 片梁的生产状态、库存位置、生产全过程信息的集成，实现了对整个预制梁场的动态管控，如图 44 所示，对于以后的预制梁构件的信息化管理有重要的意义，同时也可推广至其他工程上，具有较高的潜在经济价值。

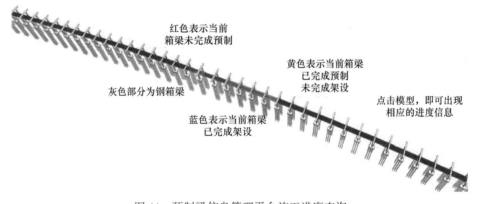

图 44　预制梁信息管理平台施工进度查询

4　应用总结

（1）优化工法，保证施工质量，节约工程成本

通过在施工过程中持续开展 BIM 应用，对复杂节点钢筋优化设计，针对长悬臂大上盖梁施工难点进行方案比选、工艺模拟、模板深化设计，辅助设计低矮架桥机穿越有限空间架设箱梁、验证方案可行性，解决了困扰施工的多项重难点问题，确保了施工质量。在钢筋节约、上盖梁临时设施优化、模板优化设计、改进有限空间箱梁架设方法等方面取得了显著的经济效益，总计节约施工成本约 550 万元。

（2）虚拟建造，辅助进度管控，保障整体工期

基于 BIM 技术的模拟性特点，对长悬臂大上盖梁、共构段箱梁架设等施工方法进行模拟建造、工艺仿真，验证方案可行性，为尽早开工提供条件。通过图纸审查、碰撞检测、方案比选等方式，确定最优方案，避免返工；结合 BIM 协同平台的精细化进度优化和协同管理，精确、实时控制施工进度，优化资源配置，保障了整体工期，总计节约工期约 78 天。

（3）精确建造，一次施工完成，降低对社会不良影响

通过 BIM 技术对场地布置及绿色施工措施进行模拟建造，基于模型进行方案讨论，优化得到符合规范、业主要求的场地模型。依据场地模型指导落地建造，确保场地布置一次完成，避免其中返工造成的经济损失、环境污染、工期延误。反复模拟管线改移、交通导改方案，分析不同时段施工的占地情况，降低施工对社会交通造成的影响，保证施工安全、效率。

（4）改变传统，优化项目管理，提高现场管理水平

利用 BIM 协同平台的三端一云，实现施工总承包对分包的协同管理。通过信息的采集、录入、处理及反馈，让各参与方在同一平台上对现场管理问题进行协同处理，实现质量、安全、进度的动态掌控。BIM 协同数据留痕，可追溯、调用，便于管理分析，辅以形成二维码链接的各项方案、交底、工艺演示等，实时为管理决策提供依据。最终形成一套反应迅速、信息精准、沟通高效的管理办法。

（5）提炼总结，形成企业标准，培育 BIM 人才促进行业发展

在 BIM 应用的过程中，根据实施方案，不断对已完成的内容进行分析、总结，形成成果，形成一套可落地的企业 BIM 实施标准。基于这些成果相互交流、开拓视野，找到更好的思路为工程进行 BIM 规划，更好地为工程服务、增值。在 BIM 应用过程中提高 BIM 应用人员的能力，形成更有技术经验和执行力的 BIM 团队，增强企业实力。不断应用 BIM，参与交流，有助于提高企业 BIM 技术应用知名度，提升企业形象，同时也为创建优质工程、提升投标阶段信誉等级创造有利条件，从而促进行业 BIM 应用发展。

5　BIM 相关思考

5.1.1　BIM 应用策划至关重要

现阶段 BIM 技术在基础设施领域仍处于初期探索阶段，缺乏完善的标准、规范支持，可借鉴的成熟案例也相对较少，行业人才不够丰富。而基于基础设施建设工作面多、场地大的特点，一旦具备施工条件，则会非常繁忙，BIM 应用对应的工作量和难度会在短时间内相对集中，所以项目初期的 BIM 应用策划至关重要。

项目 BIM 团队应在项目初期，就针对工程特点，明确 BIM 应用目的，确定 BIM 应用的主要内容。根据 BIM 应用的目的和内容，制定计划、建立团队、确立制度、采购软硬件设备，确保 BIM 应用能够按部就班开展，满足工程应用需求。

5.1.2　BIM 应用开展需要上层贯彻、全员参与

BIM 技术虽然已经发展多年，但是在建筑施工领域的施工一线依然被大众认为是一项

新的技术，普遍认知不足。BIM 可以给施工带来许多技术上的支持，但是 BIM 技术的落地实施，最终带来的是管理工作的变革。BIM 应用的落地生效，是技术问题，同时也是管理问题。

BIM 应用的开展，需要自上而下的管理制度支持，在公司层面予以重视支持，在项目上确立以项目经理为核心、全员参与的 BIM 应用模式。项目经理必须能够深刻认识到 BIM 技术的本质，能够参与到 BIM 应用的策划、实施过程中，起主导作用，否则 BIM 应用只能浮于表面，难以真正产生价值。

5.1.3　BIM 应用应该侧重于产生实际价值

BIM 技术是当下建筑施工领域内的热点，初期 BIM 应用策划时，往往会策划大而全的多项应用点，实施的过程中，多点推进，最后因人力不足、设备经费超支、BIM 实施进度赶不上施工进度等种种原因，导致失败。

BIM 应用应该针对工程施工的重点、难点问题，充分考虑当下技术的成熟度、软硬件设备的经济性和时效性等因素，结合 BIM 团队人力状况，开展能够解决实际问题，产生实际价值的 BIM 应用，这样才能充分发挥 BIM 的价值，让更多的工程从业人员了解 BIM、认可 BIM。

5.1.4　BIM 应用应该与业主、设计、监理单位有充分沟通

现阶段，BIM 应用尚无统一的应用模式，多为参建单位自主应用。同时 BIM 应用也无法直接替代传统的管理模式，需两者共同运营。BIM 应用的信息收集、传递，会和传统管理模式的信息流转存在冲突，往往存在业主、监理、施工单位各有平台，需同时填报数据的问题，增加工作量，影响 BIM 实施效果。

施工单位 BIM 应用策划时，应与业主、设计、监理单位有充分沟通，综合考虑各方需求，设计满足要求的数据应用流程，规避重复填报、降低效率的问题。同时，也可以在充分沟通的过程中，消除疑惑，齐心协力完成项目既定的各项应用目标。

既有建筑改造篇

案例五 北京市三里河路 9 号院老旧小区地下管线改造工程

1 项目概况

1.1 项目基本情况

住房城乡建设部三里河路 9 号院地下管线更新改造项目位于北京市海淀区三里河路 9 号院内，地下管线更新改造 1154m，标准段为地下 1 层，节点井位置为地下 2 层。小区红线内更新改造包括给排水、电气、暖通、消防、安防系统的地下管沟和锅炉房改市政换热站、环境整治等项目。项目分为两大部分，地下管廊部分和廊外管线改造部分：地下综合管廊如图 1 所示，主要沿院内现状小区道路布置，主要采用浅埋暗挖法施工；室外管线改造主要采用明挖沟槽法施工。管廊全线共设 4 座投料井和 4 座节点井，施工时利用 1 号投料井作为施工竖井，施工后期 2 号竖井改造为控制中心，是进入管廊的主通道。

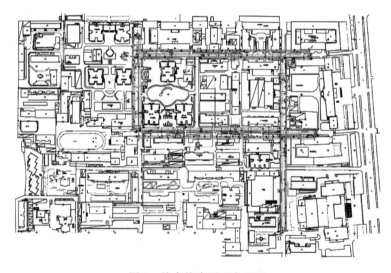

图 1 综合管廊平面布置图

综合管廊结构形式：

该项目综合管廊结构形式为整体现浇两跨闭合框架结构，结构设计高度 4.4m，宽度 4.0m，管廊分为左右两个仓室，左侧为能源仓，右侧为水信仓。为了减小管廊施工对周围行政办公、居民生活及道路交通的影响，本项目综合管廊主要采用浅埋暗挖法施工方案。综合管廊设置位置及结构断面形式如图 2、图 3 所示。

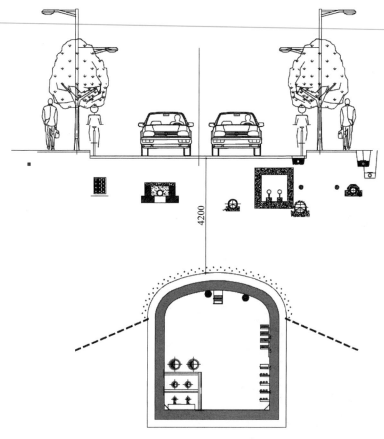

图 2　综合管廊设置位置示意图

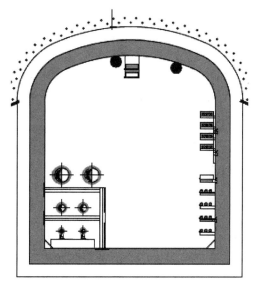

图 3　综合管廊结构断面图

1.2 参建单位情况

本项目主要参建单位见表1。

主要参建单位   表1

单位类别	单位名称
建设单位	住房和城乡建设部机关服务中心
勘察单位	建设综合勘察研究设计院有限公司
设计单位	中国城市建设研究院有限公司
监理单位	建研凯勃建设工程咨询有限公司
施工单位	中国建筑一局（集团）有限公司

1.3 项目重难点

1.3.1 文明施工要求高

施工场区位于图4所示的高密度行政办公及居民生活区，会对居民生活及出行造成影响。因此，将工程施工对小区居民办公和生活的影响降到最低是本项目的重点，文明施工标准要求高，这对BIM技术应用于优化工程施工管理提出更高要求。

1.3.2 人车合流、道路狭窄

小区内道路狭窄，车辆众多，人车合流；施工期间，渣土和材料运输车辆进入施工场区，使场区内交通变得更为复杂，交通影响

图4 周边环境示意图

大。运用BIM优化交通组织和导改管理等是BIM技术应用的难点。

1.3.3 距建、构筑物距离近，施工安全风险较大

管廊覆土厚度仅4.5m，属于浅埋暗挖施工，施工期间严控土体坍塌和杜绝冒顶是本工程的难点。管廊底埋深约10m，管廊两侧既有房屋和地层中构筑物处于开挖影响范围内，施工期间严控房屋及构筑物变形是本工程的重点。如图5所示。因此，对应用BIM建模、虚拟漫游等技术指导综合管廊施工提出更高要求。

1.3.4 地下管线种类繁多布置错综复杂，管廊施工难度大

场地内地下管线种类繁多，布置错综复杂，综合管廊施工难度较大。应用BIM技术进行综合管线布置，对综合管廊施工过程管理要求高、难度大。

1.3.5 数据交付完整性不可控

设计-施工-运维一体化中BIM模型数据从设计到施工到运维，模型数据经过两次传

递，施工信息数据交付运维需经过一次传递，保证模型数据以及施工信息数据交付的完整性是本工程的难点。

图 5　管廊分布图

1.3.6　智慧型管廊经验欠缺

管廊智能化运维需与前期工程施工密切结合，而目前管廊智慧化运维经验欠缺，如何更好、更全面地在施工期间预先埋设相关硬件、设备及搭建综合管廊运维管理平台是本工程的难点。

2　BIM 实施组织策划

2.1　BIM 应用目标

本项目各参建单位都十分重视 BIM 技术的应用，建设单位从设计开始提出明确要求，将 BIM 技术应用于本项目多个专业领域，形成以点带面、全面综合的发展格局；在老旧小区地下综合管廊建设全过程中应用 BIM 技术，为全国老旧小区智慧管廊建设起到示范作用。

2.2　BIM 应用范围

项目 BIM 应用范围及应用内容见表 2。

BIM 应用范围及应用内容　　　　　　　　　　　　　　　　表 2

序号	应用范围	应用内容
1	BIM 模型建立	建立临建模型，既有建构筑物模型，既有管线模型，管廊主体结构模型，机电安装模型，地形地质等模型

105

续表

序号	应用范围	应用内容
2	项目级 BIM 模型样板文件	规范基础样板文件，根据项目特有要求，设置统一样板文件
3	施工进度策划	提供可视化 4D 虚拟模拟，动态展示项目进度，检验进度计划合理性
4	施工场地规划与布置	按照施工不同阶段对施工场地布置进行协调管理，检验施工场地布置的合理性，优化场地布置
5	临建 CI 标准化	对办公区、施工区等进行 CI 布置，使其符合标准化
6	施工工艺/工序模拟	配合工程施工需求，进行 BIM 技术工艺/工序的模拟演示
7	碰撞检测	各专业碰撞检查、管线综合、净高检查等
8	可视化交底	利用 BIM 技术进行三维可视化技术交底
9	施工方案编制与对比优化	利用 BIM 技术对方案编制中的节点进行分析、计算、验算等，并对施工方案进行方案比选，选择最优施工方案
10	质量、安全管理	采集现场数据，建立质量缺陷、安全风险、文明施工等数据资料，形成可追溯记录
11		通过模型辅助管理人员进行现场质量验收，形成验收信息、资料及可视化记录
12	移动终端	利用移动终端进行现场施工管理、可视化技术交底等
13	复杂节点分析	对复杂节点进行分析，出具三维交底和节点施工图
14	二维码应用	将构件信息进行统一录入，生成相应二维码以方便在移动终端进行管理
15	资料管理	将施工资料与模型相关联，保证在模型中快捷查看相应资料
16	市政地下管线深化设计、迁改	利用实景建模软件和全站仪对原有地形数据采集，进行地下管网建模，出具交叉节点报告，辅助协调
17		管线改迁施工模拟
18		利用建立的地下既有管线进行设计、管线改迁
19	施工进度管控	录入实际时间，将计划工期与实际工期进行对比，跟踪现场实际完成情况，明确工期提前或滞后工序，便于施工过程中对施工进度进行控制及反馈。通过 BIM 模型实时展现现场的施工状态，并通过模型动态展现上月完成情况和下月计划情况以及保证措施
20	BIM 模型管理	形成竣工交付 BIM 模型，对模型进行维护更新
21	运维信息管理	能配合业主进行模型空间、设备养护、维保时间等信息进行管理
	创新与示范应用	
22	施工现场智能监管协调	施工竖井处设置监控系统，实时反映施工现场产生的声音及尘土数值，及时对现场进行管理及协调
23	既有建筑物数据与 BIM 技术结合	创建施工现场周围既有建筑物模型，方便后续的施工
24	设计-施工-运维全生命期管理	运用 BIM 技术在设计过程优化设计图纸；施工过程中指导施工复杂节点交底；运维过程辅助后期管廊的运维和管理。通过运用统一管理平台实现各阶段信息数据的共享，以便减少各阶段之间因信息传递造成的损失
25	智慧建造协同管理	施工管理平台通过进度模拟各阶段人、材、机等投入情况，实现成本精细化管理。通过 BIM 模型链接自动化监测设备，对结构的沉降、倾斜进行连续监测。若出现问题可立刻通知管理人员采取对应措施

2.3　组织机构及岗位职责

2.3.1　BIM 应用组织机构

本项目 BIM 实施由建设单位牵头进行全流程 BIM 技术应用，并由中国建筑一局（集团）有限公司 BIM 工作站、中建市政工程有限公司 BIM 工作站和北京云建信科技有限公司提供 BIM 技术支持与指导。项目成立 BIM 工作组，组长由项目经理担任统筹全局，其他各参与方负责人任 BIM 工作组副组长，负责各参与方之间的沟通工作，BIM 应用组织机构如图 6 所示。

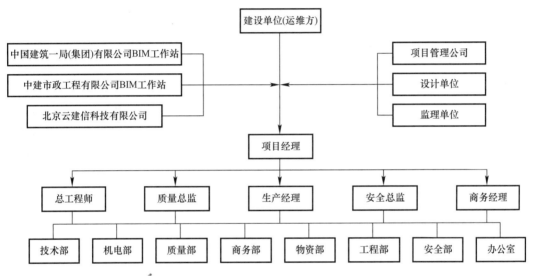

图 6　BIM 应用组织机构图

2.3.2　BIM 应用岗位职责及人员配备

项目 BIM 应用岗位职责及人员配备情况见表 3。

BIM 应用人员配备表　　　　　　　　　　　　　　　　　　表 3

序号	岗位	职责	配备人数
1	BIM 工作组组长	（1）负责 BIM 技术应用工作的全局统筹规划； （2）负责 BIM 工作组团队建设； （3）统一协调公司及社会相关资源； （4）负责项目 BIM 软件的推广与应用	1
2	BIM 工作组副组长	（1）组织制定 BIM 实施方案并实施、跟踪监督； （2）加强项目 BIM 小组及相关管理人员对 BIM 软件的培训、学习； （3）监管实施小组 BIM 工作的进展； （4）负责项目 BIM 软件的推广与应用	4
3	BIM 实施人员	（1）负责落实 BIM 实施方案； （2）创建 BIM 模型、基于 BIM 模型创建三维视图、添加指定的 BIM 信息； （3）利用 BIM 模型导出测量数据，指导现场测量作业	10

2.4 软硬件配备

2.4.1 软件配备

项目 BIM 实施软件配备情况见表 4。

软件配备表   表 4

序号	软件名称	版本	单机/协同	软件用途
1	Revit	Revit 2018	单机	土建、隧道、管廊、安装等专业建模
2	Civil 3D	Civil 3D	单机	地形模型建立
3	Navisworks 2018	Navisworks 2018	单机	各专业三维设计模型整合，管线综合碰撞检测，施工进度模拟，施工过程中重点、难点模拟等
4	3ds Max	3ds Max	单机	三维效果图及动画专业设计模拟施工工艺及方案
5	Lumion	Lumion	单机	虚拟现实
6	PKPM	PKPM	单机	方案计算，计算复核
7	4D-BIM 施工管理平台	4D-BIM 施工管理平台	协同	建筑物及其施工现场 3D 模型与施工进度、资源、安全、质量、成本以及场地布置等施工信息相集成

2.4.2 硬件配备

项目 BIM 实施硬件配备情况见表 5。

硬件配备表   表 5

序号	设备名称	型号	数量	配置	用途
1	操作工作站	英特尔 Xeon（至强）E5－26430 @ 3.30GHz 四核（X2）工作站	1	CPU：英特尔 Xeon（至强）E5－26430@3.30GHz 四核（X2） 内存：32GB 显卡：Nvidia Quadro K5000（4096MB/Nvidia） 显示器：双显示器、24 英寸 LED、1920×1080 分辨率 硬盘：西数 WDC（1TB）硬盘 网卡：集成千兆网卡	进行 BIM 模型建立和计算、模型渲染，视频剪辑等。模型整合，数据储存，信息交互等
2	移动工作站	联想拯救者 Y7000	1	I5-10200H 512G 固态 GTX 1650 4G 独显	部分 BIM 模型的建立和计算、视频剪辑等，修改 BIM 模型，汇报展示等
3	硬盘	西数	3	2T	云储存硬盘
4	3D 打印机	Wiiboox C300	1	—	打印建筑模型
5	VR	—	1	—	提前预览管廊成型效果，辅助进行关键节点施工及安全教育
6	智能传感器	—	1	智能传感器、只能 LED 显示器	为 4D-BIM 平台采集收集信息数据
7	缆式线性定温探测器	—	1	—	为 4D-BIM 平台采集收集信息数据

2.5　项目 BIM 应用流程及管理制度

2.5.1　BIM 应用流程

项目 BIM 应用流程如图 7 所示。

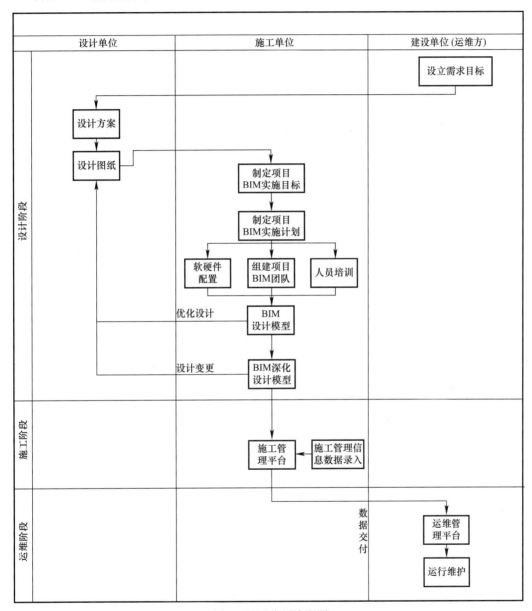

图 7　BIM 应用流程图

2.5.2　BIM 应用管理制度

1. 培训制度

为普及并深化 BIM 技术在项目全生命周期信息化管理的应用，项目部在制定 BIM 工作方案时结合项目团队情况制定培训计划，与各参与方共同制定奖惩办法，并根据实际推进情况确定培训课程内容，定期组织各参与方相关人员进行 BIM 技术信息化管理应用的培训。培训内容包括公司的相关管理指导手册与 BIM 实施方案、BIM 实施过程中需采用的新软件和新技术、各部门及专业之间的协同等。培训结束后，根据奖惩办法，考核培训内容及执行情况，检查培训效果，项目 BIM 培训工作计划见表 6。

项目 BIM 培训工作计划表 表 6

培训计划	培训时间	培训对象	培训内容
BIM 周培训	每周	BIM 组工作人员	轴网、标高、场地建立；视图、剖面应用，建立样板的基础培训
BIM 月培训	每月	BIM 组工作人员	结合项目实际工作需求，方案编制交底、施工进度模拟、安全质量交底等应用培训
BIM 专项培训	关键节点	BIM 组工作人员	进行特定软件进行培训，例如中建云、Navisworks、Fuzor 等

2. 例会制度

（1）例会目的：保证 BIM 实施情况的及时沟通，保证各部门及各参与方之间能够有效协同开展工作。

（2）例会时间：每周组织 BIM 例会，必要时组织专业协调会议或重要问题的专题会议。有特殊原因需要延期召开的由项目 BIM 小组组长提前通知。

（3）例会组织：由项目经理召集，项目总工程师主持，BIM 专职人员作会议记录。

（4）参会人员：设计单位 BIM 小组人员、项目部 BIM 小组成员、各专业负责人、施工过程中涉及到的其他 BIM 相关人员。

（5）例会内容：

每周例会：各专业 BIM 工作情况汇报，需协调解决的问题；提醒各参与方的工作内容，并对存在影响工期和成本的情况提出预警；研究并制定下一阶段的工作计划。

专业协调会：解决各专业间 BIM 工作协调问题。

例会与协调会均需形成且签发会议纪要，并归档管理，纪要内容包括会议时间、会议议题、主持人、记录员、与会人员、会议内容等。

3. 模型管理制度

（1）模型建立

模型应包含项目前期制定的 BIM 方案中提到的几何和非几何信息。几何信息一般体现在模型构件的属性信息中，由于项目管理等非几何信息数量众多，无法在模型中直接输入，需要通过外部链接等方式进行附加。对不能在模型中直接附加的非几何信息，可通过建立外部链接进行信息处理，实现模型中各构件资料实时调用和查看。

模型信息应标清模型版本、信息录入者、录入时间、应用软件及版本、编辑权限，针对不同的信息接收方进行权限分配，保证信息的安全性。

模型信息输出格式采用主流的 IFC 格式。

（2）模型会审

会审单位：在 BIM 模型按照施工图纸建立完成并自查后，由 BIM 小组牵头组织参与各方进行阶段性的模型会审。

会审目的与流程：会审目的主要是为解决管廊主体结构与其他专业之间存在的各种矛

盾及配合问题。会审之前，BIM 小组及其他专业对模型情况进行说明，各参与方结合自身需求对模型进行检查，并提出要求，如有必要可以进行模型链接整合，发现并解决问题。会审结束之后形成会审记录表，并在规定时间内完成整改，所有资料应该签字确认后归档管理。

（3）模型维护更新

为保证 BIM 模型与现场施工的一致性，同时利用模型来检查现场施工情况，BIM 小组须及时对模型进行有效更新与检查，保证模型唯一、正确、完整。在设计阶段、施工阶段对 BIM 模型进行维护，保证施工顺利进行，及时更新，确保 BIM 模型中的信息正确无误。

BIM 工作组根据施工过程中的设计变更、现场实际进度，及时修改、完善 BIM 模型；根据建设单位对工期节点的要求，上报建设单位与施工进度和设计变更相一致的 BIM 模型；根据建设单位（运维方）对 BIM 模型的相关要求，对模型进行定期整理整合。

4. BIM 数据安全管理制度

项目采用搭建数据管理平台的方式，提供基于云端的数据存储、共享空间。各参与方分别设置不同账户权限，通过控制数据访问者身份，保护项目 BIM 数据，按文件夹或文件为数据设定安全等级，进行分类管理。

为了加强 BIM 数据安全管理，其他主要工作包括：

（1）BIM 小组采用独立的内部局域网，与因特网间设置硬件防火墙；

（2）局域网内部采用实名身份验证，非 BIM 小组成员无法登录该局域网，外部用户需通过 VPN 服务接入；

（3）BIM 小组进行严格分工，数据存储按照分工和不同用户等级设定访问和修改权限；

（4）BIM 小组的电脑全部安装密码锁进行保护，并单独安排办公室，未经允许不能入内。

3　创新与示范应用

3.1　施工现场智能监管协调

3.1.1　应用内容

（1）智能监测系统

项目位于高密度的行政办公区及居民生活区，人员构成复杂，文明施工要求高，采用图 8 所示的智能监测系统，运用 BIM 技术对施工现场进行实时监测，实时采集数据，进行危险值预警，及时发现并处理问题，并生成分析报告，严格把控对小区内居民工作和生活的影响，保证施工对居民的影响最小化。

（2）智能交通指挥系统

考虑到施工现场处于老旧小区内，道路狭窄、人员及车流密集，本项目引进小区智能交通指挥系统，通过智能监控、大数据分析、路况汇报及信号灯管制，如图 9 所示，实现老旧小区施工过程中的交通引流。

3.1.2　应用流程

施工现场智能监管协调实施流程如图 10 所示。

图 8　智能监测

图 9　路况汇报及信号灯管制

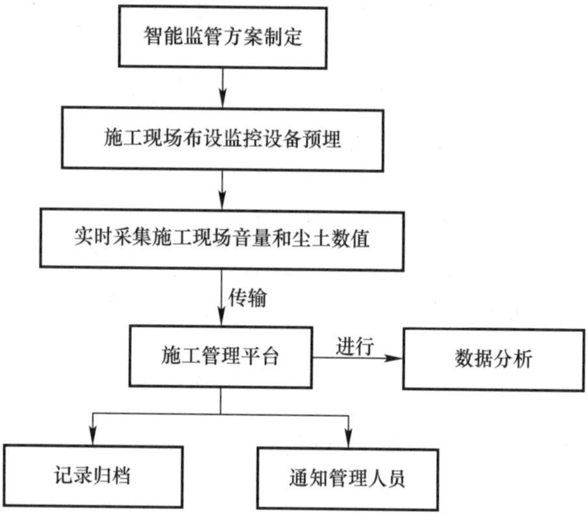

```
┌─────────────────────┐
│  智能监管方案制定     │
└─────────────────────┘
          │
          ▼
┌─────────────────────┐
│ 施工现场布设监控设备预埋 │
└─────────────────────┘
          │
          ▼
┌─────────────────────┐
│ 实时采集施工现场音量和尘土数值 │
└─────────────────────┘
          │ 传输
          ▼
┌─────────────┐  进行   ┌─────────┐
│  施工管理平台  │──────▶│ 数据分析 │
└─────────────┘        └─────────┘
     │       │
     ▼       ▼
┌────────┐ ┌──────────┐
│ 记录归档 │ │ 通知管理人员 │
└────────┘ └──────────┘
```

图 10　施工现场智能监管协调流程

3.2　既有建筑物数据与 BIM 技术结合

3.2.1　应用内容

在既有建筑物数据与 BIM 技术结合的前提下进行管廊主体的深化设计，以设计图纸为参照，以地勘报告反应的现场实际情况为基础进行深化工作。应用 BIM 技术进行管廊主体的深化设计和碰撞检查，彻底消除管廊主体结构的碰撞问题，降低在施工阶段存在返工的可能性。

（1）基于 BIM 技术的既有管线改移

根据本项目既有地下管线种类繁多，管线改移难度大的现状，建立基于 BIM 技术的机电管线智能建造系统，通过地勘报告和全站仪数据建立既有管线模型及地质模型，根据过程数据分析进行既有管线智能改移、新建管线智能架设及新旧管线智能连接替换。如图 11 所示。

本项目既有地下管线种类繁多且管线改移难度大，项目利用地质勘测和全站仪扫描逆向建立既有管线模型，通过三维探测、数据处理、深化设计、方案对比及模拟，实现管线的智能改移 5 处，同时利用 BIM 模型提前对地下空间进行预判，有效加快施工进度，节约工期约 10 天（合同价 0.8%）。

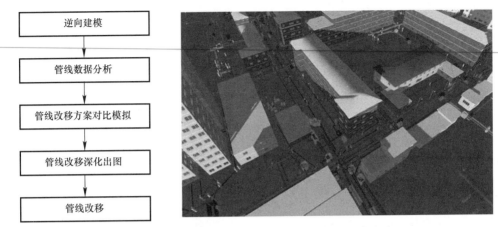

图 11　既有建筑和既有管线模型创建及出图流程

（2）基于 BIM 的地下管线综合布置技术

本工程工期紧、要求严、标准高，传统地下管线安装施工工艺流程已经不能满足本项目的工期和质量要求。因此，应用 BIM 技术在施工前模拟管廊内机电安装施工结束后的管线排布情况，进行碰撞检测和管线安装指导，减少返工和整改，优化布线，并形成可实施性强的管线综合布置技术方案。

3.2.2　应用流程

既有建筑数据与 BIM 技术结合应用的流程如图 12 所示。

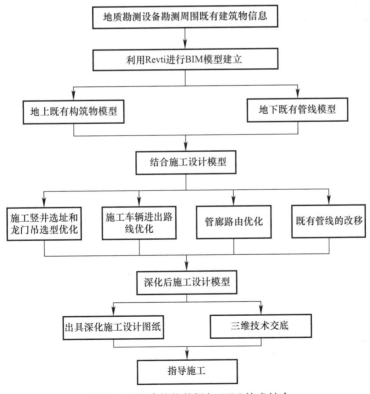

图 12　既有建筑物数据与 BIM 技术结合

3.3 设计—施工—运维全生命期管理

3.3.1 应用内容

采用BIM技术与设计单位及建设单位协同办公，大大提高工作效率，实现设计—施工—运维"无缝对接"。

（1）设计优化—工程周边环境分析—管廊路由

利用BIM技术分析拟建施工竖井临建和管廊主体结构对周边环境的影响，发现前期设计管廊中部设置投料井对周边噪声、日照、扬尘的影响较大，综合考虑经济、工期、环境、人文等因素，决定利用东西两侧管廊进行增容设计，优化取消中间管廊133m，如图13所示，工程总造价节省约6%；竖井由6座优化为4座，工程造价节省约2%。

优化前   优化后

图13 设计优化

（2）设计图纸优化

针对本工程工期紧、洞内作业面狭小的特点，在设计过程中应用BIM技术，在施工前模拟管廊内管线排布并进行碰撞检测，优化管线走向19处，如图14所示，减少后期返工和整改，节约工期约5天，工程造价节省约1%。

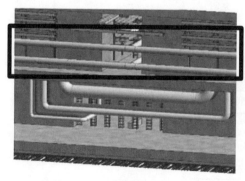
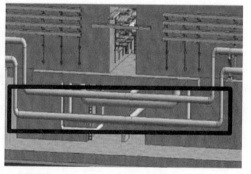

优化前   优化后

图14 设计图纸优化

根据 BIM 碰撞结果及管线优化内容，重新对设计图纸进行调整。如图 15 所示。

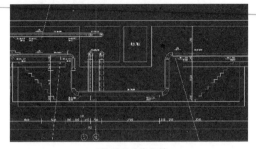
2号节点井优化前

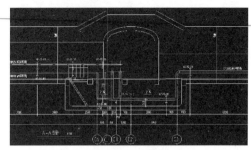
2号节点井优化后

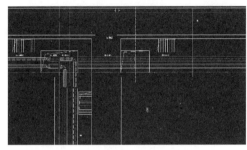
3号节点井优化前

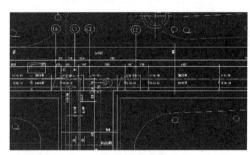
3号节点井优化后

图 15　BIM 碰撞结果及管线优化

（3）自建周边及地下管线模型

除了直接接收设计模型之外，在施工过程中建立图 16 所示的施工周边环境 BIM 模型与地下既有管线 BIM 模型，以解决施工过程中 BIM 模型应用需求。

周边环境模型

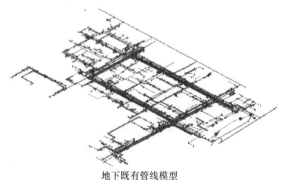
地下既有管线模型

图 16　地下既有管线 BIM 模型

（4）日照环境分析

为了更形象地向周边居民解释施工投料井和临建的搭建不会影响其正常采光，本项目采用 BIM 技术中的日照分析技术，如图 17 所示，对投料井和住宿区临建选址进行设计优化，在协调部的组织下对周边居民进行直观的介绍，打消了周边居民疑虑，大大缩短与居民的沟通协调时间，得以提前开始临建的建造并顺利完工，临建工程节约工期约 8 天，节省临建合同价 12%。

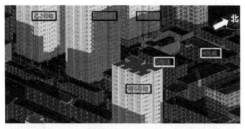
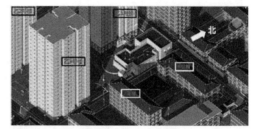

冬至当天上午8点 冬至当天上午10点

图 17 日照环境分析

（5）地下结构施工方案及工序优化

建立管廊周边地形地质、整体地下既有建筑、管线模型和拟建管廊模型，分析与管廊位置和埋深，在施工管理难度、管线迁移量、成本、风险难度及环境影响等方面进行表 7 所示的对比分析，明确施工工法，先后协助完成从明挖—盖挖—暗挖的工法变更，大大降低了对小区居民生活、工作的影响。

施工方案优化对比分析　　　　　　　　　　　　　　　　表 7

对比要点		施工方法			
		明挖现浇法	明挖预制拼装法	盖挖法	暗挖法
施工管理难度对比	基坑支护	在老旧小区环境无放坡开挖条件，需要钢板桩、排桩等支护形式，很难施工；分段现浇后回填，占路时间长	在老旧小区环境较难放坡开挖，需要钢板桩、排桩等支护形式，较难施工；拼装后可快速回填	可放坡开挖，喷锚防护，易于施工；盖板施工后即可回填，占用道路时间短	仅需要施工竖井，易于施工；仅材料运输及出渣占用道路
管线迁移量对比	管线迁移	沟槽管线多需迁移，协调工作量大，易影响工期	沟槽管线多需迁移，协调工作量大，易影响工期	沟槽管线多需迁移，协调工作量大，易影响工期	仅竖井及出入口位置管线需少量迁移
成本对比	造价	管廊本体造价较低；但需考虑基坑支护、管线迁改移及临时管线成本	管廊长度短，预制模具周转率低，管廊主体造价高于明挖现浇法	管廊本体介于明挖法与暗挖法之间，管廊临时管线少于前两种	管廊本体相对较高，只需少量迁改移管线，无需临时管线成本
施工风险难度对比	变形控制	不易：支护边坡施工扰动土体，支护结构变形较大，风险较高	不易：支护边坡施工扰动土体，支护结构变形较大，风险较高	相对容易：沟槽开挖较浅，风险较低，变形量极小	相对容易：超前支护及后背回填注浆等措施的应用会大大减少土体（周边构筑物）变形；施工过程中防止塌方、冒顶
环境影响对比	噪声扬尘光污染	露天施工，且土方施工依赖大型机械，不易控制	相对容易，工厂预制，对周边环境影响小；但需要考虑安装设备	盖板施工阶段影响较大	可封闭施工，需做好通风机及高压风机、土方设备的噪声控制

（6）运维管理平台

五大施工过程信息及八大管理模块贯穿设计—施工—运维三个阶段，使用同一系列平台可节约软件开发费用 30%，同时实现在一个智能管控平台进行智能化运维管理。如图 18 所示。

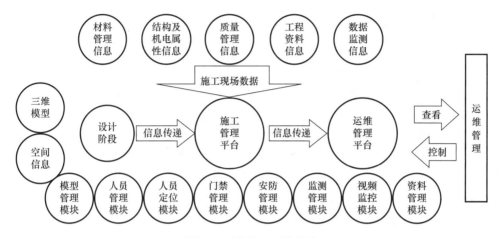

图 18　运维管理系统设计

在建造运营全生命周期，以 4D-BIM、物联网、云技术、大数据为核心，通过项目协同管理、多源信息关联集成、无线传输等手段，开展多参与方、跨平台的应用，建设一个图 19 所示的统一的住宅区运维管理平台，实现智能监测、智能运维等方面的集成、动态和可视化管理，及工程运维的信息化和智能化服务。

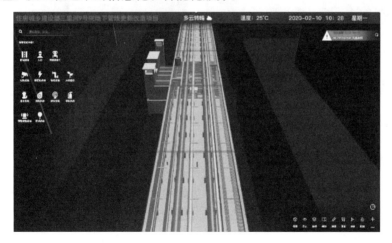

图 19　智能监管系统

为了更直观的观看运维数据，将 BIM 模型与 BIM 信息导入图 20 所示的运维管理平台，在主浏览界面中可直接查看设备运行数据、耗电统计信息、水量信息、门禁系统信息、道路拥堵信息、环境监测信息和故障信息等。

应急管理包括应急预案、法律法规、应急演练、应急事件、应急资源及应急调度等管理内容。支持上传预案和法律法规在线或下载阅览，针对紧急事件进行记录与统计分析，在紧急事件发生时，调取值班人员信息及联系方式等，并且可以重点标注危险源和应急避难场所，为第一时间响应突发事件提供支持。如图 21 所示。

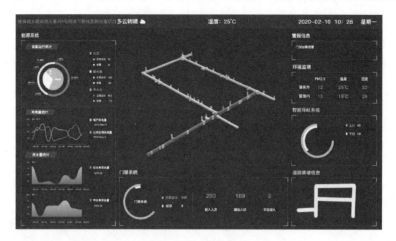

图 20　智能驾驶舱

图 21　应急管理系统

3.3.2　应用流程

既有建筑设计—施工—运维全生命期管理的流程如图 22 所示。

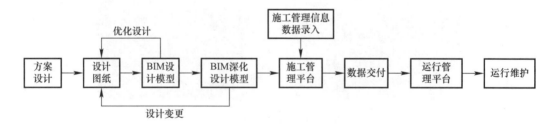

图 22　设计—施工—运维全生命期管理

3.4　智慧建造协同管理

3.4.1　应用内容

本项目运用综合管廊智能管理系统将工程 3D 模型与施工进度链接，集成施工资源、成本等各种工程信息，实现基于 BIM 的施工进度、安全、质量等多方面的 4D 集成管理、实时控制和动态模拟。

应用4D-BIM系统并建立基于IFC的4D信息模型，将建筑物及其施工现场3D模型与施工进度相链接，与施工资源、成本、质量、安全及场地信息集成一体，实现了基于BIM的施工进度、资源与成本、安全与质量、场地与设施的4D集成管理、实时控制和动态模拟综合运用BIM、云计算等信息技术监控管廊实时运行情况，深度协同管廊及管线的精细管理、智能分析、辅助决策和应急处置，实现综合管廊全生命周期管理监管的自动化、智能化和智慧化。

（1）人员管理

录入或批量导入项目所有施工人员的姓名、照片、身份证号、工种、安全教育、技术交底、资格证书等信息。按照参建单位、施工班组等维度对人员进行管理，为其他功能模块提供基础数据。通过移动端扫描人员二维码，查看人员基本信息与技术交底、安全教育记录，并使BIM+智能人员管理和劳务管理系统连接，在BIM系统中实现人员精确定位的同时区分工种，进行区域管理、时段管理等管理工作；工作人员若处于安全隐患位置，身份识别牌与BIM系统会同时报警，管理人员可精准定位隐患位置，并采取有效措施避免安全事故发生。

（2）机械管理

录入项目所用机械的规格编号、生产厂家、设备来源、检验单位等基础信息，上传机械的说明书、机械合格证等附件。通过移动端扫描二维码查看机械资料，对机械的进出场时间、检查记录进行管理。

（3）材料管理

录入项目所需材料的名称规格等基础信息，对材料的出库、入库进行管理。通过收发料和盘点工作，系统记录和统计所有材料的库存、盈亏，并支持10个级别的库存预警，若材料存储低于设定量则系统直接向负责人发送预警短信。

（4）环境管理

①3D施工场地布置，包括施工红线、围墙、道路、临时房屋、材料堆放、加工场地、施工设备等内容。②将3D施工场地设施与进度和相关信息相关联，建立4D场地信息模型。③场地设施碰撞检测分析，设施与建筑、设施之间的动态碰撞分析。④施工设施信息查询与统计分析。

（5）质量、安全管理

现场发现质量安全问题，直接在手机端上传图片，填写问题的描述和整改要求，发送给整改人。整改人实时在手机端收到整改通知，整改完成，回复整改情况以及整改后的照片。发起人收到整改完成通知，并对整改情况进行验收，验收通过形成闭环。PC端同步质量安全问题的所有数据，并且以列表的方式展现出来。单击某个问题即可看到此问题的所有数据和经办流程。每个问题都可以以图钉的方式挂接到对应的模型上，所有问题以及对应部位一目了然。

（6）进度管理

进行4D模型创建和施工过程模拟，并对施工进度控制，编制和修改进度计划，实时采集施工进度并进行分析和预警，按指定时间段对整个工程、WBS节点或施工段进行进度计划执行情况的跟踪分析、实际进度与计划进度的对比分析，根据分析结果进行任务分派，分派出去后，分派的人在手机上就可以收到工作内容，可以对这条工作的完成情况进行填报；快速完成任务派发、填报以及回传；在任务填报的过程中可以用语音输入文字，也可以添加相应的图片，当完成的时候可以进行报表的输出打印，完成进度委派、执行填报以及统计分析内容的报送。

（7）视频监控

将视频监控与 BIM 模型相集成，通过图型的方式，为视频监控管理提供可视化支持，极大地提高了视频监控的成效。

3.4.2　应用流程

既有建筑智慧建造协同管理的流程如图 23 所示。

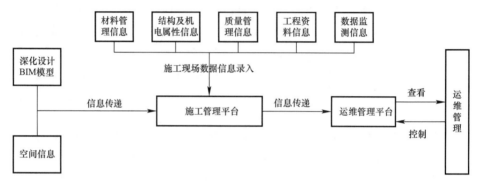

图 23　智慧建造协同管理

4　应用总结

4.1　应用成效

本工程在设计阶段、施工阶段及运维阶段运用 BIM 技术，取得了良好的经济效益。见表 8。

工程应用 BIM 技术取得效益分析　　　　表 8

项目阶段	节约的工期/费用
设计阶段	约 15 天/工程总造价约 9%
施工阶段	约 53 天/施工合同价 7.2%
运维阶段	约 25 天/运维合同价 35%
合计	约 90 天/工程总造价 10.5%

同时，项目作为国内首个老旧小区地下工程更新改造项目，旨在探索总结在中国特色的基础设施环境下——老旧小区内进行地下管线更新改造的施工经验，为后续类似基础设施更新改造工程起到参考、借鉴和示范的作用。自 2018 年以来接待各类观摩 40 多次，引来社会各方关注和调研，产生很大的社会效益，极大程度的提升了企业品牌效益。

4.2　经验体会

1. 项目基于设计—施工—运维一体化创建了集成式的施工管理平台，大大节约了建设成本，缩短了建设周期，平台的集成化也让各阶段数据无障碍共享，避免因平台不统一导致数据在传递过程中的损失。

2. BIM 技术应用使现场管理变得精细化。在各阶段可以进行更加优化的人、材、机投入的分配，使得现场管理更加规范化；同时集成了质量、安全等内容为 BIM 技术在老旧小区内应用指出了方向。

3. 运维阶段的需求目标要在设计初步阶段提前明确，在设计模型阶段挂接相应数据，使设计—施工—运维系统化、流程化，缩短开发周期，使运维阶段更加顺利。

4. 在施工模型创建过程中，可以与设计多进行沟通，与设计、运维统一建模标准，或直接借鉴设计方建模标准，形成统一的标准库，方便信息的传递。

案例六　首都体育馆改扩建工程

1　项目概况

1.1　项目基本情况

首都体育馆始建于 1966 年，位于北京市海淀区中关村南大街 56 号，是北京市文物局发布的优秀近现代保护建筑，举办过 1990 年亚运会和 2008 年奥运会等众多国际、国内比赛，曾是北京规模最大、功能最多、适用范围最广的体育馆。此次改扩建范围为 2 个单体，首都体育馆为改造，赛事中心为新建，首体地下一层，地上五层，建筑面积45406m²；赛事中心地下三层，地上七层为钢结构，建筑面积 30590m²，工程效果如图 1 所示。本次改扩建后，首都体育馆将作为北京 2022 年冬奥会重要的比赛场馆及训练场馆，2020 年将举行测试赛，预计 2022 年将在此产生 14 枚金牌，未来的首都体育场馆区也将作为中国冰雪运动的指挥中心，担负着大众冰雪运动的普及与推广任务。

图 1　工程效果图

1.2　参建单位情况

工程主要参建单位见表 1。

单位类别	单位名称
建设单位	国家体育总局冬季运动管理中心
设计单位	北京市建筑设计研究院有限公司
勘察单位	北京市勘察设计研究院有限公司
监理单位	中航工程监理（北京）有限公司
总承包单位	中国建筑第八工程局有限公司

主要参建单位　　　　　　　　　　　　　　　　　　　　　表 1

1.3　工程重点难点及 BIM 应对措施

1.3.1　图纸与现场情况不符

本工程原始图纸为 1966 年手绘纸质版图纸，具有文物价值，存在年代久远、字迹不清、缺页的情况，且所用图集与现在不同，如图 2 所示。在 2000 年与 2008 年改造时虽使用 CAD 绘图，但设计绘图重心在局部改建区域，图纸上其他区域仍未按现场实际情况进行纠偏，给本次改造设计造成了很大的影响。设计院由于缺少准确底图，图纸难以准确复原现场实际情况，仅依靠 2008 年设计图纸进行改造设计，现场建筑结构与图纸不符问题难以解决。

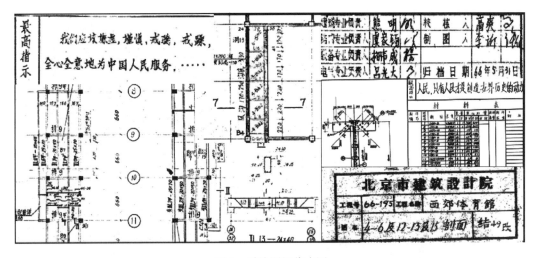

图 2　手绘图纸代表图

应对措施：为解决图纸不准确问题，首先开展拆除工作，将拆除后的原有结构面暴露出来，然后采用三维激光扫描仪对原有结构进行扫描，最后通过建立一套符合国家规范的图纸样板文件，直接将 BIM 模型批量转化为符合国标的建筑、结构 CAD 图纸，最终获得了准确的图纸，并提供给设计院与分包单位作为设计、施工依据。

1.3.2　顶部钢桁架设计施工困难

1. 深化设计工作量大：首都体育馆顶部钢桁架始建于 1966 年，主要服务于屋面结构及吊顶支撑，原设计未考虑现代冬奥会设备的安装使用需求，包括体育照明、奥运音响、消防水炮、吸音体、奥运专用信号设备、投影幕及各种机电管线等，因此需重新进行系统性的设计并开展各专业 BIM 模拟排布工作。由于原设计与实际情况有诸多差异，新旧结合的深化设计不仅需要单独设计本专业内容，还需避免与其他专业设备碰撞，同时需要进行整体受力计算。

2. 施工作业面小、高空通行障碍多：钢桁架距离地面 23m，在施工作业时，钢丝绳、管线等障碍物横穿马道，严重影响马道交通通行，同时一些高空设备的安装位置较为不利，施工难度大，设备运输困难，容易发生安全事故。

3. 多专业施工，组织难度大：顶部钢桁架同时开展多家专业分包施工，各家单位相互牵连，组织难度大。

应对措施：

通过建立原始钢桁架 BIM 模型及钢桁架顶部各专业设备、管线模型，对全专业进行综合排布，确定管线路由避让措施，使形成高空障碍、影响交通通行的设备最后安装，如图 3 所示，并利用 VR 设备进行安全体验教育与技术交底，确保施工安全。

1.3.3 深基坑周围环境复杂

首体冬奥赛事中心为新建工程，深基坑开挖深度 17.6m，长约 162m，宽约 53m，面积约 9500m²。深基坑南侧紧邻首都体育馆；东北侧紧邻运动员公寓；西侧为中关村南大街，下方为正在运行的地铁 4 号线和地铁 9 号线，北侧为南长河，南长河北侧为正在修建的地铁 16 号线，如图 4～图 6 所示。

图 3　高空通行障碍实景图　　　　　图 4　项目位置图

应对措施：建立整个基坑周围原有建筑与临建 BIM 模型，优化场地布置。建立新建基坑的支护、锚杆、结构 BIM 模型，模拟整个地下结构施工过程，找出存在的问题。

图 5　首都体育馆实景图　　　　　　　　图 6　运动员公寓实景图

2　BIM 实施组织策划

2.1　BIM 应用目标

为达到奥运工程标准，按计划工期完成工程节点目标，同时保证工程质量，本工程采用多种 BIM 创新手段，深入挖掘 BIM 技术，积极开创 BIM 应用新思路，以新技术手段解决体育场馆改建工程、复杂环境深基坑工程中遇到的多种施工难题。

针对本工程的重难点，项目 BIM 应用实施目标主要包括：

1. 准确还原图纸

通过采用三维扫描等 BIM 创新手段准确还原图纸，为设计院提供设计基础。

2. 降低安全风险

准确还原钢桁架空间位置情况，使各分包单位能在准确模型上开展深化设计，总包单位优化施工组织安排，减少工人高空滞留时间，降低安全风险。

3. 提高施工质量

本工程为奥运场馆，奥运赛事特别是冰场运动对场地有特殊要求。应用 BIM 技术对体育专项进行准确模拟，并采用放样机器人进行精确放样，满足奥运工程的要求，保证工程施工质量。

4. 缩短施工工期

利用 BIM 技术，优化体育专项、机电设备安装、基坑支护、土方、结构施工的组织排布，选择最优施工方案，达到缩短施工工期的目的。

2.2　BIM 应用范围

BIM 应用范围及内容见表 2。

BIM 应用范围及内容　　　　　　　　　　　　　　　　表 2

应用方向	序号	应用范围	应用内容
基础应用			
BIM 建模	1	模型搭建	建立 BIM 模型，满足各类 BIM 应用需求

续表

应用方向	序号	应用范围	应用内容
			基础应用
改建施工	2	三维激光扫描	使用三维激光扫描仪对体育馆的场芯、走廊等大面进行扫描，获得与现场一致的点云模型
	3	模型拟合	将点云模型与正向模型进行拟合，完成正向模型修正工作，获得与现场一致的正向模型
	4	放样机器人	将准确模型输入放样机器人，开展二次结构、体育专项等工程内容的准确放样工作
体育专项	5	二氧化碳制冰工艺	利用 BIM 技术进行 16 层模拟施工并进行施工交底，开展机房管线综合与专业设备模型建模
	6	360 度环形屏幕深化设计	钢龙骨深化设计
方案比选优化	7	巨型投影幕安装模拟	扫描获得原始结构位置，建立巨型投影幕模型，提供吊装点位指导，安装一次成型
	8	音响系统模拟	对音响线性阵列进行排布，找出设计布置与原有、新建结构的对应关系，不断完善排布方案，完成设计与现场的双向调整
	9	灯具支座模拟	开展深化设计，模拟高空作业漫游，提前进行施工组织设计，调控高空作业顺序
	10	顶棚吸音板系统模拟	建立顶棚吸音板系统模型，优化高空交通路径，模拟高空作业施工，提前进行施工组织设计，调控高空作业顺序
	11	内脚手架模拟	建立内脚手架模型进行内架方案比选，对比各方案内架成本、工期等信息，实现降本增效
	12	外脚手架模拟	建立外脚手架模型进行 CI 模拟，提前了解成型效果，减少调整，提升企业在市区繁华路段 CI 宣传形象
	13	新老管线综合	新老机电管线综合碰撞检查，选定最佳管线排布，避免机电工程返工
	14	场地布置模拟	对施工场地的临建、堆场、原有建筑、道路等建立 BIM 模型，优化场地布置，实现场地最大利用率
	15	锚杆模拟	建立基坑支护锚杆的 BIM 模型，提前找出基坑阳角、原有建筑与锚杆的碰撞关系，调整锚杆施工方案
	16	曲面土方施工模拟	建立汽车坡道旋板底部形状不规则土方模型，找出不同点位土方坐标，精确指导土方开挖
	17	支护桩改支撑桩破碎模拟	建立基坑支护桩模型与地下结构碰撞检测，提取需要破碎的桩头标高，准确指导现场施工
	18	钢结构节点模拟	对钢结构节点进行 BIM 建模，优化施工方案，进行可视化交底
工程管理	19	成本管理	提倡使用一模到底的理念，减少施工单位重复建模，提高模型准确率，使成本数据计算精确
	20	计划与材料管理	通过 revit＋max 的方式进行进度与材料模拟，准确提取所需施工工程量，把控施工材料用量
	21	中建八局 BIM 协同平台	通过将模型上传平台，实现多部门、多空间联动协作，在移动端可发起安全质量巡查，使安全质量管理常态化，让问题更具有时效性、可追溯、位置更准确
	22	BIM＋VR 技术	使用 VR 设备，将 BIM 模型与施工安全、技术结合起来，体验施工场景，实现全景漫游，进行可视化施工交底

续表

应用方向	序号	应用范围	应用内容
		创新与示范应用	
检测技术 专项设计 3D打印优化	1	放样机器人监测 楼板厚度	使用放样机器人对改建建筑的原有结构楼板进行推算，找出楼板薄弱处进行加固施工
	2	场地灯光模拟	体育场地照明模拟，在虚拟空间中调整灯光类型、颜色、位置直至达到最佳效果
	3	BIM技术辅助土方清槽	建立结构底板BIM模型，整合集水坑、下柱墩重叠情况，导出干净、明确的土方清槽图，合理指导土方开挖
	4	3D打印空心化	对打印的模型（构件、沙盘）进行空心化处理，减少打印模型重量，最大化节省3D打印费用
	5	既有建筑的数字化还原技术	通过正向建模、三维扫描逆向建模、正逆向模型拟合并调整正向模型等手段，准确还原现场实际情况
	6	一模到底BIM蓝图技术	提倡使用一个模型贯穿施工全生命周期的理念，利用revit模型直接导出符合国家蓝图标准的可直接用于施工的平面图、详图等

2.3 组织机构及岗位职责

2.3.1 BIM应用组织机构

项目BIM应用组织机构如图7所示。

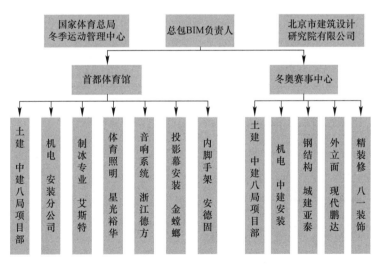

图7 BIM应用组织机构图

2.3.2 BIM应用岗位职责及人员配备

项目BIM应用岗位职责及人员配备见表3。

BIM 应用人员配备表　　　　　　　　　　　　　　　　表 3

序号	岗位	职责	人数
1	项目经理	监督、检查项目 BIM 执行进展情况	1
2	BIM 经理	1. 与业主、设计院、总包各个部门、各分包单位沟通实际需求，根据实际问题，考虑 BIM 应用的范围、手段、应用目标、BIM 应用点。制定 BIM 实施方案、组织方案落实； 2. 制定标准，进行 BIM 技术指导，构建 BIM 体系； 3. 实时与各方沟通，确保 BIM 方案的落地应用与效果	1
3	土建专业	1. 完成建筑结构建模，发现图纸问题，确定三维扫描与放样机器人应用位置，提出建模标准； 2. 负责土建专业与各专业相关工作的协调、配合	2
4	安装专业	1. BIM 模型建立、管线排布美观； 2. 负责审核、确认 BIM 模型、出图，提出土建专业的预留洞口要求	3
5	钢结构专业	1. 钢结构深化设计、加工出图、提供合理格式给总包进行 BIM 全专业协同； 2. 负责钢结构专业与其他专业相关工作的协调、配合	2
6	体育专项分包 BIM 人员	1. 制冰、声、光、特殊架体、体育专项等专业分包单位完成各自的 BIM 工作； 2. 所有单专业 BIM 开展情况需要与总包汇报，并接受总包的提出的模型修改意见	6
7	设计院专业 BIM 配合	1. 提供相关效果图、图纸以及必要资料； 2. 建立结构模型计算模型，对原始结构复合； 3. 针对 BIM 发现的图纸问题给予逐条回复确认； 4. 对总包与分包的部分 BIM 模型进行确认	5

2.4 软硬件配备

2.4.1 软件配备

项目 BIM 实施软件配备情况见表 4。

主要软件配备表　　　　　　　　　　　　　　　　表 4

序号	软件名称	版本	单机/协同	软件用途
1	Revit	2016	协同	土建建模、机电管综
2	Navisworks	2016	单机	预览、碰撞检查
3	Tekla	2016	单机	钢结构深化
4	C8-BIM 平台	2016	协同	平台应用
5	AutoCAD 三维建模	2016	单机	内外脚手架三维建模

2.4.2 硬件配备

项目 BIM 实施硬件配备情况见表 5。

主要硬件配备表　　　　　　　　　　　　　　　　表 5

序号	设备种类	数量	配置					用途
			显示器	CPU	内存	硬盘	显卡	
1	外星人笔记本	1	17 寸+2K 外屏	i7-7700HQ	DDR4 2666 16G	512ssd	GTX1070 8G	BIM 汇报、 模型修改

序号	设备种类	数量	配置					用途
			显示器	CPU	内存	硬盘	显卡	
2	双CPU服务器（自行组装）	1	23.寸 2K 双屏	至强E5 2697V2× 248线程	DDR3 16008 G＊2	512ssd	Nvidia GTX1060 6G	灯光模拟渲染、输出动画、中心文件建立
3	高频低线程CPU电脑（自行组装）	3	23.寸 2K 双屏	core i7-6850K	DDR4 266616 G＊2	512ssd	Nvidia GTX1070 8G	单层土建模型建立、机电模型管线综合
4	合模BIM电脑（自行组装）	1	4K＋2 K屏各一个	i7 8700K	DDR4 3200 8G＊4	512固态 M.2接口	GTX1080ti 11G	合并较大场景模型时预览及漫游时使用

2.5 项目 BIM 应用流程及管理制度

2.5.1 BIM 应用流程

项目 BIM 应用流程如图 8 所示。

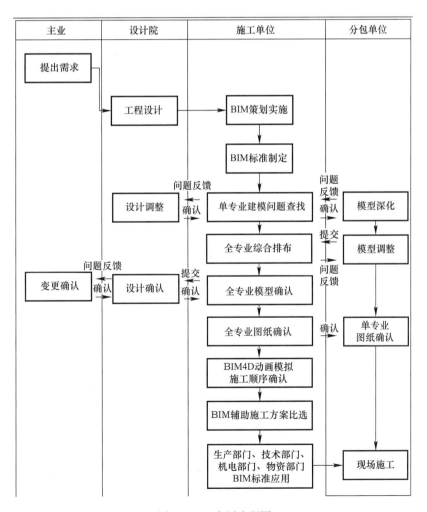

图 8　BIM 应用流程图

2.5.2　BIM 应用管理制度

1. 管理机制建立

项目建立 BIM 工作的各项管理流程，包括图纸移交流程、建模流程、BIM 模型交底流程、碰撞检查工作流程、变更维护流程、合模流程、模型验收流程等；建立有效的沟通机制，如每周设计协调会；建立模型问题检查机制，对重点部位的 BIM 模型反复核对，避免出现拆改等问题。

2. 培训制度

项目制定 BIM 实施团队的培训计划，主要培训内容包括通用的 BIM 标准化实施流程、各个环节的交付标准、专业软件操作技巧等，并在 BIM 实施过程中结合实际需求进行专题培训，以保障本项目 BIM 工作顺利实施。

3. 例会制度

（1）周例会制度

会议时间：每周的工程、设计协调会上召开；

会议地点：项目部会议室或业主会议室；

参会人员：相关单位 BIM 负责人、总承包单位相关工程师；

会议内容：上周 BIM 工作进展汇报，相关问题沟通与协调。

（2）专题会议制度

专题会议包括 BIM 方案评审会、BIM 标准交底会、BIM 模型验收会、专业协调会、方案模拟、BIM 系统交底会等，会议根据会议的内容和实际需求由总承包单位不定时组织召开。

4. 模型管理

本项目由参建各方制定 BIM 模型创建计划，由总包单位明确全专业 BIM 模型创建标准，建模深度与精度要求，明确各个分包单位 BIM 工作范围，提出统一要求，包括时间节点、工作计划、模型碰撞问题处理等。为确保 BIM 协同平台上数据准确、唯一，避免数据在不同的工作流程中无法传递和运转的情况，规定了 BIM 模型导出标准、数据归档格式、导出文件大小、访问权限等数据管理要求。

3　创新与示范应用

3.1　放样机器人创新应用

3.1.1　应用内容

放样机器人在机电放线时发现，建筑面层拆除后部分原有结构楼板较薄。普通手段难以准确测量楼板厚度，若使用楼板开洞的方法又存在安全风险与原有结构破坏的问题。因此，如何在不损坏原有结构的基础上准确测量楼板厚度，有针对性地加固薄弱位置的楼板是本项目需重点研究解决的问题。

3.1.2　应用流程

放样机器人应用流程见图 9。

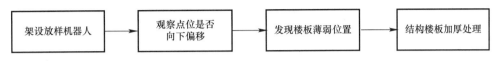

图 9　放样机器人应用流程图

3.1.3　应用小结

项目通过使用放样机器人对原有结构楼板进行复核，准确定位了多处需要加筋、加厚的待加固楼板区域，保证了楼板的安全性。但是这种方法也存在一些弊端，测量速度没有直接使用激光测距仪快，如果单纯通过判断净高增加，确定楼板变薄，建议使用激光测距仪。

3.2　场地灯光模拟

3.2.1　应用内容

奥运场馆的灯光设计是体育照明的一个重要组成部分，首都体育馆作为短道速滑与花样滑冰的主要比赛场馆，对赛时的灯光有较高要求。灯具安装后反复调试会增加工人在高空的停留时间，间接增加安全隐患，长时间的作业面占用也会影响其他专业的施工。为缩短施工时间、确保一次安装成型、减少安全隐患，项目应用了灯光模拟来确定灯具数量、类型及布置位置。

3.2.2　应用流程

1. 模型处理

BIM 模型建立完成后，需要对模型进行有效处理，例如采用相同材质塌陷、融合处理的方式以减少大场景运行缓慢甚至死机等问题。项目采用代理技术，有效避免了本项目近1.8 万个观众座椅模型复制导致电脑无法运行等问题，通过给予材质属性、给予贴图、给予 UV 坐标、给予颜色反射、颜色溢出等信息，做到模型与材质贴图的高度融合统一。

2. 灯光布置

根据灯具位置、类型、数量对灯光进行布置，并点选灯光进行设置，如图 10 所示。

3. 灯光参数设置

根据灯具厂家提供的灯具参数进行设置，包括选择光域网文件，调整灯光颜色、亮度、阴影类型等参数，如图 11 所示。

图 10　灯具选择图

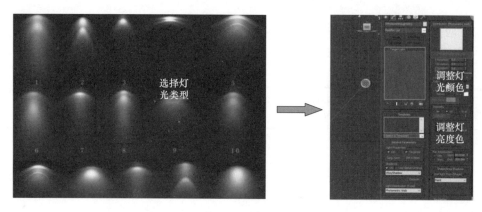

图 11　灯光参数设置图

4. 渲染出图

根据场地灯光应用场景需求，例如冰舞表演对点光源有较高要求，短道速滑需要较为明亮的面光源照明，经过渲染引擎的设置与曝光控制类型的选择后，对场景进行渲染，如图 12、图 13 所示。

图 12　冰舞表演灯光渲染效果图

图 13　短道速滑灯光渲染效果图

3.2.3　应用小结

项目利用模型、材质、灯光、渲染的模拟，对灯具的选型、位置的布置、数量的选择起到了一定的参考作用，减少了安装后现场灯具调试次数。渲染调试中发现装饰面的材质、颜色、光滑度等对光照效果也有一定影响。

3.3　BIM 技术辅助土方清槽

3.3.1　应用内容

本项目基础底板结构情况复杂，存在下柱墩套集水坑套电梯坑、后浇带与基础交叉等情况，仅凭借原有设计院提供的基础图辨识不直观，影响看图人员看图速度与准确度。项目利用 BIM 技术建立底板模型并反推槽底模型，最后导出准确的土方清槽图供施工人员参考。

3.3.2　应用流程

BIM 技术辅助土方清槽流程如图 14 所示。

1. 使用传统 CAD 图纸建立结构底板基础 BIM 模型；
2. 将底板 BIM 模型通过布尔命令相减生成土方清槽模型；
3. 在土方清槽模型中提取上口线、下口线位置，使用不同线型圈出，导出土方清槽图纸；
4. 使用简洁的土方清槽图纸进行现场施工。

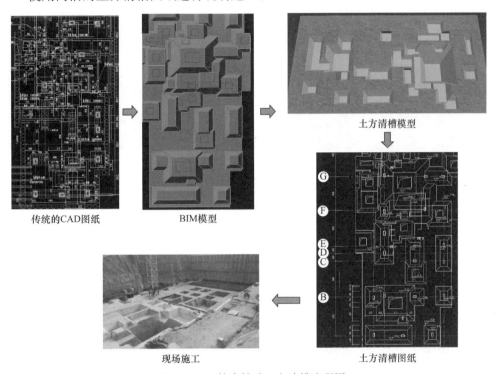

传统的CAD图纸　　BIM模型　　土方清槽模型

现场施工　　土方清槽图纸

图 14　BIM 技术辅助土方清槽流程图

3.3.3　应用小结

项目通过模型导出清晰、直观的土方清槽图，节省了大量识别图纸的时间，也规避了由于错误读图产生的施工错误风险。此技术对复杂下柱墩套集水坑套电梯坑的工程有较强的指导作用，也可导出准确的剖面图，为复杂基础的混凝土工程量提取提供准确依据。

3.4　3D打印空心化技术

3.4.1　应用内容

本项目有智慧工地展厅展示项目沙盘模型，传统手工制作沙盘模型精度低、成本高、周期长，项目采用 3D 打印空心化技术将 BIM 模型打印为沙盘模型。

3.4.2　应用流程

空心化技术应用流程如图 15 所示。建立的模型图与打印的项目沙盘照片如图 16、

图 17 所示。

图 15 空心化技术应用流程图

图 16 BIM 模型图

图 17 项目沙盘照片

3.4.3 应用小结

通常 3D 打印成本较高，本项目通过采用空心化技术，在不改变成品外观的情况下最大化削减模型重量，节约了打印成本。以装饰构件为例，传统的 3D 打印为实心打印，利用空心化技术，可将构件拆分打印成两个空心构件，后期使用粘接技术完成。空心化的实体模型打印成本较传统 3D 打印模型降低了 95%，同时提高了打印效率，使 BIM 模型的 3D 打印更为简化，如图 18、图 19 所示。

图 18 空心化模型图

图 19 打印实物图

3.5 既有建筑图纸数字化还原技术

3.5.1 应用内容

本次改造首都体育馆可参考图纸为 1966 年手绘版图纸，从体育馆首次竣工至今经过几次改造，设计院提供的图纸与现场有较多不符，项目使用数字化还原技术，快速、高效地解决了既有建筑图纸还原问题。

3.5.2　应用流程

既有建筑的图纸数字化还原技术应用流程如图 20 所示。

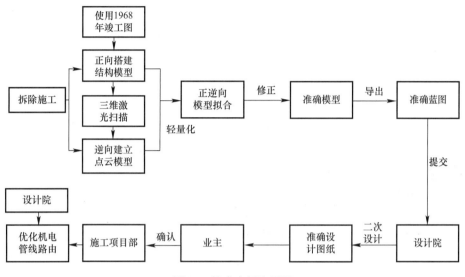

图 20　技术应用流程图

1. 拆除施工

对原有建筑进行拆除，包括二次结构、机电管线、吊顶上空等，暴露出原始结构面，以便之后进行三维扫描。

2. 初步搭建结构模型

依照 1968 年竣工图纸进行正向建模，由于存在图纸不清晰、无法识别标注、现场结构偏位等问题，初步只能建立一个存在偏差、错误、遗漏等问题的 BIM 模型。后期由三维扫描模型补齐缺失与偏差部分。由于体育馆顶部钢桁架结构复杂，采用族嵌套的建模方式，找出钢桁架的对称规律，先使用基于线的公制常规模型做出钢构件族，再导入到族中做出不同长度、高度的斜方向钢排架，不同的钢排架保存为不同的族文件，最后导入项目中根据位置组装，完成正向模型。

3. 三维扫描

项目通过使用三维扫描仪对比赛馆主场芯、走廊、钢桁架等区域架设 32 站点进行扫描，获得较为精确的点云模型。

4. 点云模型轻量化处理

本项目形状较规整，平直面较多，扫描精度高会导致文件过大，大面积平直段非关键性区域无需高精度扫描，而精度低会导致结构复杂位置处细节不够丰富，因此采用扫描模型轻量化处理手段，对关键性区域给予高精度点云，非关键区域采用低点云密度的处理方式，既保证了细节的精度，又可以过滤大面积平直段的无用点云，最终获得简洁而精确的逆向模型，如图 21、图 22 所示。

图 21 处理后点云

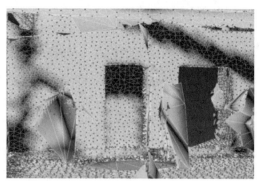

图 22 处理前点云

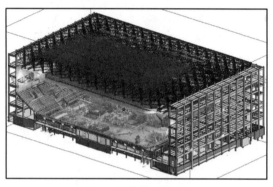

图 23 整体模型拟合图

5. 模型拟合并调整

将点云模型与之前正向模拟拟合，找到偏差与缺乏原始尺寸位置，补齐正向模型，如图 23 所示，最后得出扫描区域的准确正向模型。

6. 使用准确模型导出图纸

通过模型出蓝图技术，使用准确的正向模型导出与现场一致的准确图纸，图纸样式与设计院提供的图样式一致，为设计院二次设计提供准确依据。

3.5.3 应用小结

本项目应用数字化还原技术，找出了大量图纸问题，期间产生图纸会审 1220 项、设计变更 74 项、签证 35 份。避免了从现场测量到室内对图、反复与设计沟通等一系列由于缺少有效手段而产生的繁重工作，不仅有效缓解了技术部门的工作压力，同时还节约了工作时间与工期。获得准确模型后，即可开展管线综合工作，同时准确的 BIM 模型也可为后续 BIM 应用实施打下坚实的基础。点云的处理要根据实际情况采用不同类型的处理方式，满足模型拟合不卡顿即可。

采用点云模型轻量化处理手段优化后的模型减少了大量平直段的点云，同时满足测量与准确度要求，每站文件大小从 450MB 减小至 2.75MB，整合文件可从 17.5GB 优化至 107MB，增加了模型可操作性。

3.6 一模到底的 BIM 蓝图技术

3.6.1 应用内容

本项目原图纸为 1966 年纸质图纸，设计院提供的电子图纸与现场不符，需要将准确的 BIM 模型转化为电子图纸，项目利用一模到底的 BIM 蓝图技术，通过使用扫描的点云模型，校对利用原图纸建立的正向模型后获得准确的正向模型，再转化为包括与设计院蓝图样式一致的黑白电子图纸、与设计院 CAD 图纸样式一致的彩色电子图纸。

3.6.2 应用流程

一模到底的 BIM 蓝图技术应用流程如图 24 所示，模型出蓝图示例如图 25 所示。

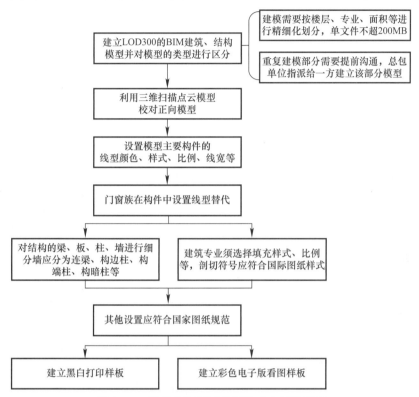

图 24 一模到底的 BIM 蓝图技术应用流程图

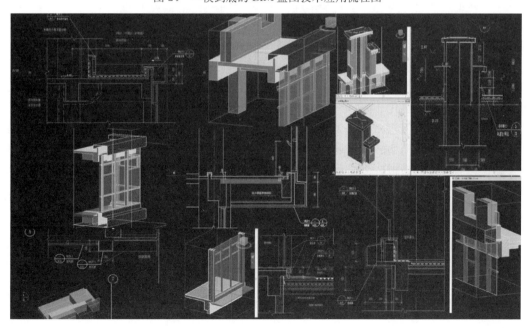

图 25 模型出蓝图示例图

3.6.3　应用小结

项目利用一模到底的 BIM 蓝图技术，无需二次绘图，直接使用校核过的准确模型获得准确图纸。原有图纸与现场有较多不符，本技术将原本 50％的图纸准确率提升至了100％。利用同一个模型，实现了一模多用、一模贯穿。一方建模多方监督也使得模型的准确性大幅提高，为节约工期创造条件，为项目减少重复建模、画图成本，及项目的多方平稳运行提供基础数据支持。

4　应用总结

BIM 工作的成功实施需要多专业 BIM 技术人员协同配合。本项目共投入 19 名 BIM 工作人员，分为南北两个区开展工作。以南区为例（包含首都体育馆、赛事中心两栋单体），总包单位高峰期投入 5 名 BIM 人员（2 名土建、3 名机电 BIM 人员）。各参建单位如设计院、钢构单位、音效设计单位、制冰单位、内脚手架搭设单位、投影幕吊装单位、声光设计单位等都不同程度的使用了 BIM 技术与总包单位配合，顺利地完成了整个工程的全专业 BIM 应用。

BIM 技术的应用是体系与技术的有机结合，通过建立完善的 BIM 技术应用标准，梳理 BIM 应用流程标准，制定 BIM 管理标准、岗位标准、制度标准，带动一系列的 BIM 应用，构建完善的 BIM 应用体系。本项目针对不同岗位 BIM 应用的范围、责任划分，明确了 BIM 技术在不同单位各个部门的应用，其中设计方负责建筑、结构专业建模；总包方的商务部使用 BIM 计算工程量，生产部利用 BIM 模型计算混凝土要量，机电部利用 BIM 技术进行碰撞检查、导出管线工程量、管线预览、预留洞查看，技术部将 BIM 模型上传平台并开展工序模拟、施工方案比选、基于模型的图纸会审，质量部在 BIM 平台上进行问题的上传、抄送、销项等；分包方负责钢结构建模、制冰机房路由排布、使用模型进行内脚手架方案比选等。项目各参建单位、各部门共同参与、配合 BIM 技术实施，实现了BIM 技术的高效应用。

项目通过应用基于 BIM 的放样机器人、场地灯光模拟、辅助土方清槽、3D 打印空心化、既有建筑图纸数字化还原、一模到底的 BIM 蓝图等技术，有效解决了工程重难点问题，提升了项目施工管理效率。其中，既有建筑图纸数字化还原技术可供改造类项目参考，该技术中的点云模型轻量化处理手段既保障了关键部位的精度又减少了非关键位置的点云数量，为后续模型拟合创造了有利条件。此外，一模到底的 BIM 蓝图技术对于设计、施工一体化的 EPC 项目亦具有一定的借鉴意义，该技术可避免二次画图带来误差，减少画图人员工作量，建立的模型可供各参建方共同查阅与应用。

民用建筑篇

案例七 北京市 CBD 核心区 Z12 地块（泰康大厦）工程

1 项目概况

1.1 项目基本情况

北京市 CBD 核心区 Z12 地块（泰康大厦）工程位于北京市朝阳区光华路 CBD 核心区

图 1 项目效果图

Z12 地块，CBD 核心区景辉街与金和东路交口的东南角。项目建筑总高度 216.0m，由地上 45 层的塔楼、地上 4 层裙房与 5 层地下室组成，占地面积为 8427m²，总建筑面积为 186895m²。其中地下建筑面积为 46895m²，地上建筑面积为 140000m²。工程建成后将成为世界一流的 5A 级金融办公大楼。效果图如图 1 所示。

本工程基坑普遍深度约 25m，最大深度达 34m。基础形式为桩筏基础，桩基直径为 700mm、1000mm。基础底板厚度主要为 1.0m、2.8m，最大厚度为 9.2m。塔楼和裙楼地上部分结构形式为钢框架支撑体系，地下室为钢筋混凝土框架-剪力墙结构体系。

1.2 参建单位情况

工程主要参建及专业分包单位见表 1、表 2。

主要参建单位	表 1
单位类别	单位名称
建设单位	泰康伟业投资有限公司
设计单位	华东建筑设计研究院有限公司
勘察单位	中兵勘察设计研究院
监理单位	北京双圆工程咨询监理有限公司
总承包单位	中建三局集团有限公司

主要专业分包单位	表 2
专业类别	单位名称
电梯安装	通力电梯有限公司
钢结构安装	中建钢构有限公司

专业类别	单位名称
幕墙	北京江河幕墙系统工程有限公司
机电安装	中建一局建设发展有限公司
消防	北京中消长城消防安全工程有限公司
弱电	北京玛斯特系统工程有限公司
泛光照明	北京富润成照明系统工程有限公司
精装修	北京丽贝亚建筑装饰工程有限公司
	北京城建长城建筑装饰工程有限公司

各分包单位均按照总包方制定的 BIM 实施方案进行 BIM 应用，各专业先分阶段进行提交，并在各自专业完工时进行整体提交，项目竣工时提交竣工模型。

1.3 工程重难点及解决方案

本工程建成后将成为世界一流的 5A 级金融办公大楼，成为集甲级办公、品牌商业及服务配套于一体的超高层城市综合体。本工程业态全，施工专业多，整体造型"下小上大"，外围悬挑构造、地上全轻质隔墙和纯钢结构体系、复杂建筑功能的管线综合等均是设计和建造的重难点。

工程地处 CBD 核心区，周边在建工程多，场内场地狭小，场内外交通组织、平面管理和协调管理难度大。

工程体量大，功能齐全，为超高层建筑，需投入的资源、机械多，技术管理、施工组织管理难度大，总包管理要求高。

（1）周边环境复杂，多地块同时施工，场内外交通运输难度大

本工程位于北京市 CBD 核心区，北侧紧邻央视大楼、海关大厦，南侧临近北京电视大楼，处于北京最繁华的核心区，现场施工受场地内 CBD 管委会、现场物业等单位监管，场内外交通运输难度大，质量、安全施工要求严格。

本工程建筑面积 18 万 m²，工程体量大，工期紧，各种资源集中进场，场内外交通运输管理需重点控制的有：大体积混凝土浇筑时早晚高峰时段混凝土运输进场和各专业材料进场的时间管理。

针对本难点，利用 BIM 技术进行施工各阶段场地平面布置模拟，模拟各专业施工平面布置及交通路线组织，提升施工过程平面管理和交通疏导效率。

（2）工程施工可利用场地狭小，总平面布置和管理难度大

地块红线为地下室外墙外扩 500mm，现场场地狭小，场地布置和管理难度大，必须合理进行施工部署和总平面布置。场内堆场必须根据施工进度进行动态调整，重点解决桩基机械作业面划分、钢结构材料和各专业分包材料、设备的进场组织和料场划分。

针对本难点，利用 BIM 技术进行各专业平面布置划分模拟，制定最优的总平面规划方案，并根据不同施工阶段进行动态调整，做到现场平面最高效率利用，减轻总承包管理压力。

（3）工期影响因素多，管理难度大

本工程于 2016 年 1 月 18 日开工，预计 2021 年完工，将经历 6 个冬季、6 个雨季、6

个春节，工期跨度时间长，影响因素多，管理难度大。工程周边多地块同时施工，交通组织压力大，工期相互影响因素多，施工降效严重。工程高峰期劳动力达数千人，且均为场外住宿，在早晚高峰阶段，如何保证工人及时上下班是工期保证的关键。工程体量大，资源需求多，尤其是受周边地块影响，钢结构资源组织非常紧张，因此保证各种材料及时进场并运至工作面、各专业分包按时移交工作面是工期保证的关键。

针对本难点，除利用 BIM 模型跟施工进度计划挂接进行进度模拟外，同时基于 Vico office 平台和基于施工区域位置和施工工效的 LBS（位置分解系统）线性计划，利用模型直接编排出更加准确的进度管理计划，对资源和劳动力组织进行提前规划，达到提高施工效率和节省工期的目的。

2 BIM 实施组织策划

2.1 BIM 应用目标

根据业主对建设全生命周期 BIM 技术的应用要求，项目总承包单位和所有分包单位需应用 BIM 技术提高专业服务水平，提升项目品质。项目主要 BIM 应用目标包括：

（1）利用 BIM 完成施工图的深化设计，并对其他各专业的 BIM 深化设计成果进行管理。深化模型用于施工阶段的模型综合、碰撞检查、进度模拟、方案模拟、辅助工程量统计等 BIM 应用内容。

（2）利用 BIM Location Breakdown Systems（简称 BIMS LBS 系统）进行超高层线性进度管理。

（3）利用 Design Structure Matrix（设计接口管理，简称 DSM）进行深化设计接口管理。

（4）丰富企业 BIM 数据库，进行大数据基础建设。

2.2 BIM 应用范围

本工程 BIM 应用范围为工程施工阶段的全专业 BIM 综合应用。

2.2.1 深化设计及深化设计管理

利用 BIM 完成施工图的深化设计，并对其他各专业的 BIM 深化设计成果进行管理。深化模型用于施工阶段的模型综合、碰撞检查、进度模拟、方案模拟、辅助工程量统计等。

2.2.2 辅助施工方案编制及模拟

利用 BIM 辅助施工方案编制与模拟，展示重要施工区域或部位施工方案的合理性，检查方案的不足，协助施工人员充分理解和执行方案。

2.2.3 项目各参建方协同工作

协同管理平台用于 BIM 实施过程中各参与方协同工作，BIM 成果通过协同平台进行传输与共享，确保项目信息及时有效地传递。

2.2.4　进度计划管理

本项目工期紧张，且工期制约因素众多，为保证履约，进度计划管理是重中之重。与传统甘特图计划和计划挂接模型不同，本项目使用了 BIM 模型结合 LBS（位置分解系统）直接编制线性计划。基于 BIM 模型构件的编码体系与造价清单生成进度计划的 WBS 体系。基于 LBS 系统、BIM 模型工程量与现场实际工效、计划班组投入情况形成项目工期。通过 BIM 平台对各专业进行施工安排、任务分配，形成总承包单位的计划管理。

2.2.5　接口深化设计管理

本项目业态全，专业分包多，各专业施工穿插，协调难度大。利用 DSM 管理方法，根据深化设计的任务从属关系、重要性和各专业所需配合点，对深化设计的进度与搭接工作进行优化，将工程整体施工内容进行责任划分并核查内容的完整性和叠加性，确保施工内容有且只有一个施工单位承担同一项施工内容，并形成接口矩阵图。其次，根据设计要求的参数和设计图纸进行各专业接口处的模型建立，最后提交总承包单位进行模型综合协调，确保接口深化设计能够协调一致，保证各专业穿插施工协调有序进行。

2.2.6　BIM 辅助企业数据库建立及大数据基础建设

总承包单位在长期项目管理过程中积累了丰富的项目管理知识和经验。而目前这些知识大部分保存在各专业人员的头脑中，以实践经验、思想和思维等隐性方式存在。BIM 作为总承包管理的信息源头，可作为所有建筑信息的组织者，将项目各类数据进行整合，并以 BIM 平台作为项目信息的集中源，来承载总承包管理的数据记录，作为以后 BIM 技术应用借鉴的参考依据。

2.3　组织机构及岗位职责

2.3.1　BIM 应用组织机构

项目 BIM 应用组织机构如图 2 所示。

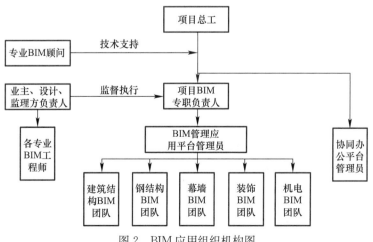

图 2　BIM 应用组织机构图

2.3.2 BIM 应用岗位职责及人员配备

项目 BIM 应用岗位职责及人员配备见表 3。

BIM 应用人员配备表　　　　　　　　　　　　　　　　　　表 3

序号	岗位	职责	配备人数
1	项目总工	全面负责本工程 BIM 实施的协调、总控工作	1
2	项目 BIM 专职负责人	配合 BIM 总负责人工作，负责本工程 BIM 工作的具体执行运用、沟通协调、组织管理等工作；定期组织 BIM 工作会议，按要求出席项目例会、设计交底等工程会议；对分包商负责的分项工程提出 BIM 相关要求；确保整个项目 BIM 工作的完整性、准确性、延续性	1
3	BIM 管理应用平台管理员	负责将 BIM 模型数据及时录入到 BIM 管理应用平台中并进行维护；负责本工程深化设计等工作的管理，负责各专业模型数据的集成，对整个工程 BIM 系统进行综合管理，并进行基于 BIM 模型的施工管理工作	3
4	协同办公平台管理员	负责项目电子设备、办公设备、软件及网络的维护工作	1
5	各专业 BIM 团队	负责本工程各专业 BIM 建模，协助管理整个工程 BIM 系统建立、实施等一系列工作	根据不同阶段调整，满足业主最低人数要求

2.4 软硬件配备

2.4.1 软件配备

项目 BIM 实施软件配备情况见表 4。

软件配备表　　　　　　　　　　　　　　　　　　表 4

序号	软件名称	版本	单机/协同	软件用途
1	Tekla	16.1	单机	钢结构建模、深化设计
2	Autodesk Revit	2016	协同	建筑、结构、机电、精装专业模型管理
3	Navisworks Manage	2016	单机	模型数据合成、碰撞检测、进度模拟
4	Rhino	5.0	单机	幕墙参数化建模
5	Vico Office 平台	—	协同	专业接口管理、进度计划集成
6	质量管理 app	—	单机	现场质量、安全管理
7	Lumion	3.0	单机	施工动画制作、效果图渲染
8	3DMax	2016	单机	施工动画制作、效果图渲染
9	广联达 BIM5D	旗舰版	协同	施工现场管理

2.4.2 硬件配备

项目 BIM 实施硬件配备情况见表 5。

硬件配备表　　　　　　　　　　　　　　表 5

序号	设备名称	型号	数量	配置	用途
1	台式电脑	—	4	处理器：英特尔　酷睿 i7-4790K 显卡：影驰 GTX780HOF 名人堂 4GB 双显示器：戴尔·UltraSharp U2412M 24 英寸宽屏显示器 主板：技嘉 Z97M-D3H 操作系统：Windows.7 旗舰版 64 位（简体中文）	项目 BIM 中心主要工作站，主要用于结构、机电、幕墙和精装专业模型建立、综合、发布、协作等
2	移动工作站	戴尔 Precision M6800	2	处理器：英特尔　酷睿 i7-4900MQ 显卡：Nvidia® Quadro® K4100M 含 4GB GDDR5 操作系统：Windows.7 旗舰版 64 位（简体中文）	BIM 协调会议、外部协调移动工作站
3	平板电脑	iPad Air 2	10	尺寸：9.7 英寸；分辨率：2048×1536； 核心数：三核心；处理器：苹果 A8X； 系统内存：2GB；存储容量：16GB；	BIM 管理终端设备

2.5　项目 BIM 应用流程及管理制度

2.5.1　BIM 应用流程

项目 BIM 应用是基于模型的信息展示及应用，在整个工程深化设计、施工进度、资源管理及施工现场平面管理等各个环节，进行信息的建立与收集，最终形成完整的竣工信息模型，从而实现工程全生命期各环节的信息建立，保证从设计到施工、从竣工移交到后期正常运营维护的 BIM 信息的延续性和完整性。

为保证 BIM 工作在工程实施过程中有条不紊地进行，需做好设计模型与施工模型的衔接，制定合理的 BIM 工作流程和实施制度，通过标准化流程和制度化组织，保证 BIM 建模、深化设计和现场施工管理三者之间能够合理、高效的衔接，项目 BIM 应用流程如图 3 所示。

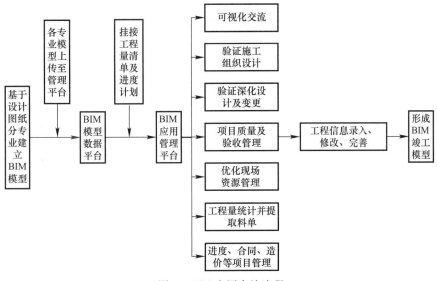

图 3　BIM 应用实施流程

2.5.2　BIM 应用管理制度

（1）专题例会制度：BIM 管理部成员每周召开例会，汇报工作进展情况、遇到的困难、需总包协调的事项及下周工作计划和保证措施。

（2）总包定期协调制度：总包 BIM 管理部每两周召开工作碰头会，针对长期跟踪的现场问题、各单位较大 BIM 工作计划变动、人员变化等内容，进行整体协调解决。

（3）四方联合检查制度：BIM 系统是一个庞大的操作运行系统，由于参与人员众多且系统结构、数据参数庞大复杂，需要建立健全检查制度来保证体系的正常运作。四方联合检查制度的参与者包括业主、设计方、监理和总包方。

（4）分包管理制度：对各分包单位，每两周进行一次系统执行情况检查，了解 BIM 系统执行的真实情况、过程控制情况和变更修改情况。

（5）模型和软件维护制度：总包对各分包单位使用的 BIM 模型和软件进行有效性检查，确保模型和工作同步。

（6）建立考核机制：为保障项目 BIM 履约与 BIM 应用质量，建立完善的 BIM 考核机制，每季度进行考核，考核内容按照如图 4 所示的公司《BIM 应用考核管理细则》进行。

图 4　公司 BIM 考核管理细则

3　创新与示范应用

3.1　BIM 技术辅助实测实量

3.1.1　应用内容

应用三维激光扫描技术辅助现场实测实量。

3.1.2　实施流程

三维激光扫描仪现场实测→仪器自动生成扫描模型→扫描模型与理论模型进行整合→生成偏差对比数据

3.1.3　应用概述与总结

本工程定位标准高，室内精装及设备布局要求精度严格，通过应用三维激光扫描技术开展现场实测实量、图纸复核、方案检查等工作，通过高密度的数据采集，捕捉实际实施的实体情况。经与理论 BIM 模型的对比分析，找出施工偏差情况，一方面为后续深化设计提供真实的现场数据，使得深化设计更具实操性；另一方面通过偏差分布情况的分析，寻找现场施工中存在的问题和纠偏方向，指导现场质量控制。如图 5～图 8 所示。

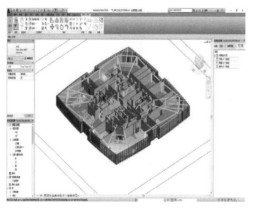
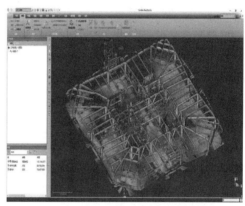

图 5　点云模型与 Revit 模型拼合　　　图 6　三维激光扫描模型分析

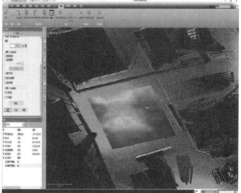

图 7　三维激光扫描净高　　　　　图 8　基础底板平整度检测

3.2　基于施工区域和施工工效的 LBS 线性计划管理

3.2.1　应用内容

依据企业定额，直接在 BIM 模型的构件上赋予施工工效参数，自动生成符合实际的

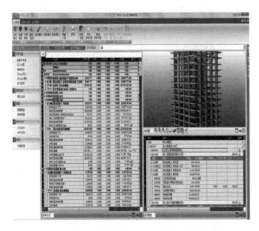

图 9　BIM 模型与资源定额匹配

进度计划，并同步衍生出物资、劳动力等资源的匹配计划，同时依据各项施工作业实际工效生成曲线来预测未来进度走势，如图 9 所示。

3.2.2　实施流程

模型标准化处理→模型工程量提取→任务建立→工效录入→流水划分→计划编制→计划调整及优化→企业数据库

3.2.3　应用概述与总结

不同于传统项目的进度挂接 BIM 模型的 4D 方法，本项目基于 Vico Office 软件，利用 BIM 模型构件的编码体系与进度计划的 WBS 体系关联。在模型上划分施工流水段，同时依据 BIM 模型工程量与现场经验、实际工效及计划班组投入情况结合，形成项目工期、资源组织计划。

BIM 线性计划是以生产管理理论为基础，以精益管理原则为指导，对工程项目管理过程进行重新设计，在保证质量、工期最优、消耗资源最少的条件下以建造移交项目为目标的新型工程项目管理模式。精益建造减少了材料浪费的行为，并且避免了信息流被打断。在施工现场重定义分包工作，可以使项目的每个工作小组持续工作，并且可以保证所需的资源直接输送到位，避免了重复工作，减少了浪费。相信随着国内 BIM 技术应用水平的整体提高，BIM 线性计划在我国建筑行业中会得到更好的推广与普及。

3.3　基于 BIM LBS 系统的超高层线性进度管理

3.3.1　应用内容

现阶段工程建设行业普遍采用基于经验的甘特图法进行进度计划管理，但当项目很复杂、工序数量相当多时，管理人员很难通过甘特图来理清工序间的逻辑，计划调整及校核不便；而且甘特图的方式不能有效表达任务之间的空间关系。由于表现形式的制约，工序在各施工区段间的连续性无法有效表达，往往因为某些逻辑关系制约造成工序作业出现间断，所以传统的甘特图进度表现方法中难以直观表现工作所处的流水段，常常出现工作面冲突或闲置的情况。

BIM 线性计划将计划纵向坐标作为施工区域的表现方式，用线性来表示施工任务，如图 10 所示，将时间与空间同时展示，直观表示出浪费的时间及所在位置，有效识别低效工序和工序间不连续的情况，通过有针对性地攻克进度瓶颈，达到优化进度的目的。

3.3.2　线性计划应用流程

BIM 线性计划的总体编排标准化流程。如图 11 所示。

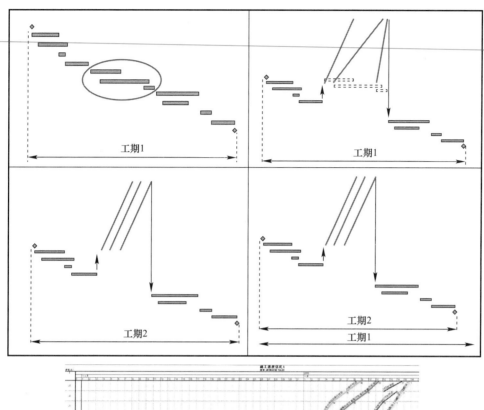

图 10　基于 BIM 模型的 LBS 线性计划

（1）模型标准化处理

为保证之后模型算量的准确与成本计划的合理，在模型导入前需根据 WBS 规则对设计提供的模型进行标准化处理，包括模型构件拆分标准化、构件命名标准化、构件编码标准化。

（2）模型工程量提取

将标准化之后的模型导入 Vico Office 中，自动提取与 WBS（工作分解结构）对应的构件工程量，包括钢筋、钢构件、模板及混凝土。

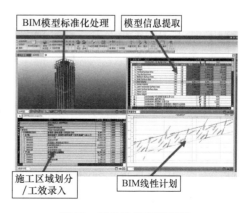

图 11　线性计划应用流程

（3）任务建立与工效录入

依据现场施工的工艺流程及工序，结合现场的施工位置，将传统进度计划编制的繁杂工序转换成基于 LBS 方法的标准项施工作业。然后录入每项施工作业的施工工效，自动计算出施工作业完成所需时间，避免单纯通过经验估算。

（4）流水段划分与计划编排

根据流水段的划分，建立施工作业间的逻辑关系，结合资源配置限定，形成基于位置的线性计划，有效识别低效工序和工序间不连续的情况。

通过工程量的提取和材料用量分配，自动获取主要材料的资源分布直方图，据此制定资源供应计划。

（5）计划的现场控制

计划执行过程中，现场管理人员将每天的实际工作量录入系统，检查对照现场进度与计划进度。

（6）计划的整改与优化

计划执行过程中，现场管理人员将每天实际工作量录入系统，LBS 计划依据各项施工作业实际工效预测未来进度走势，对工序安排和资源配置进行调整，用 PDCA 原理实现计划目标的有效管控。

3.3.3　应用小结

通过 LBS 线性计划，发现外框楼板计划中，东西段楼板钢筋绑扎工作存在断续交叉作业情况，该段劳动力投入数量多于其他段，人员投入呈波浪式。通过对资源的重新调整，优化二者的交叉作业分布，在不改变班组数量的情况下优化工期 15 天。

通过 LBS 线性计划，发现外框筒塔吊附着工作制约核心筒钢柱吊装，造成核心筒结构施工不能连续进行。通过对逻辑的重新梳理，重新排布塔吊附着立面布置，尽量减少核心筒结构施工停滞时间，从而优化工期 20 天。

同时，Vico Office 平台提供 VOWS 接口，管理人员可在 Vico Office 平台基础上进行二次开发，将项目实施过程中各项任务的实际记录工效进行输出，对通过各项任务的实际执行情况，自动进行修正，并得到综合施工工效。综合施工工效可通过固定的 XML 数据形式返回至 BIM 计划平台，形成企业综合工效库，企业在以后项目实施时，可访问工效数据库，检索同类项目相同任务的综合工效，为进度编排的决策做依据。

3.4　基于 DSM 的深化设计接口管理

3.4.1　应用内容

超高层项目具有大型化、复杂化的特点，专业分包单位以及专业分包单位之间的工作交接界面比较多，各专业之间技术问题冲突，综合管线碰撞冲突，作业内容重叠，专业工序施工顺序以及平面运输交集冲突不断出现，致使需要反复拆改，既影响施工进度和质量，也增加了总承包管理的难度。因此对接口管理进行归纳总结和探索，是提升项目总承包管理能力的重要一环。

项目探索性地使用 DSM（设计结构矩阵）方法管理深化设计协调工作。主要思路为：

任务分解→编码→梳理深化设计任务的逻辑关系→形成逻辑关系的星云图→开展深化设计管理。通过 DSM 深化设计方法，将施工深化设计过程中各专业工作详细分解，实现全专业统筹设计功能。同时对各项任务间的从属关系进行编排，根据深化设计的任务从属关系、重要性和各专业所需配合点，对各专业深化设计的进度与搭接工作进行优化，提高 BIM 深化设计及协调管理的效率。如图 12 所示。

图 12 各专业深化设计接口管理

3.4.2 应用流程

基于 DSM 的深化设计接口管理标准化流程如图 13 所示。

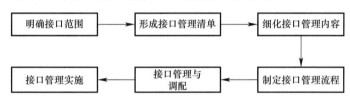

图 13 标准化流程图

首先进行各参建单位的合同界面分析，对各专业深化设计接口关系进行梳理，详细列出各个专业之间的接口关系，将工程整体施工内容进行责任划分并核查内容的完整性和叠加性，确保有且只有一个施工单位承担同一项施工内容，并形成接口矩阵图。如图 14 所示。

图 14 数据内容及界面划分（一）

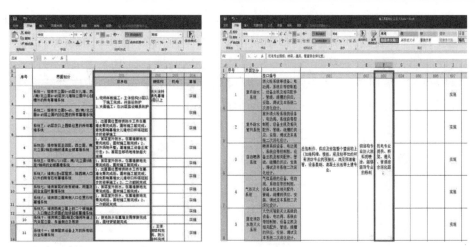

图 14　数据内容及界面划分（二）

其次，根据设计要求的参数和设计图纸进行各专业接口处的模型建立，提交总承包单位进行模型综合协调，确保接口深化设计能够协调一致。如图 15 所示。

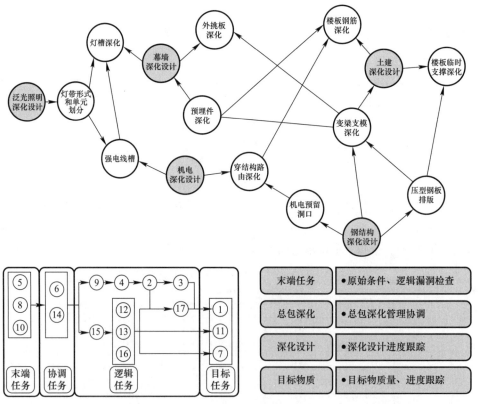

图 15　数据流转流程

最后经 BIM 顾问单位审核通过后由总承包单位进行交底，各方确认无误后现场实施。

3.4.3　应用小结

本工程属于大型公建，设计分包单位众多，各分包间工序穿插频繁，土建、钢构、机电、幕墙等专业接口关系复杂，通过探索应用 DSM 深化设计管理，提高了各专业间的深化设计管理协调效率，进而缩短了总承包深化设计周期。利用 BIM 构件化优势，把各专业间的冲突问题解决在施工之前，为项目深化设计工作及管理工作提供了新的思路引导。通过收集整理数据，结合公司其他项目数据，形成企业深化设计数据库，为后续其他类似项目深化设计管理提供有效参考。

3.5 企业数据库建立及大数据基础建设

3.5.1 应用内容

丰富企业 BIM 数据库进行大数据基础建设。

3.5.2 实施流程

项目 BIM 族库、成果进行归类与管理→成果上传云平台→公司 BIM 中心统一筛选梳理→形成企业 BIM 数据库

3.5.3 应用概述与总结

公司建立图 16 所示的企业级协同平台，用于企业级的数据整合和资源共享，统一各 BIM 应用项目平台使用，实现了项目 BIM 信息集中管理与工程建设信息协同共享，同时减少了公司重复开支，为公司 BIM 数据库提供载体。基于协同平台上的项目云空间，记录各项目 BIM 应用数据，积累企业定额，保证所有项目数据均可用于未来项目决策的参考。同时建立企业知识库，使企业经验成为显性的资料保存。

图 16　数据库登录及管理界面

项目基于企业级云共享平台，进行施工资料的共享，通过项目在施工过程中的数据统计，初步实现企业定额数据、工效数据、深化设计接口关系、施工技术资料库、施工质量资料库等内容的显性储存。如图 17 所示。

项目在 BIM 实施过程中，结合 LBS 计划系统的使用，将 BIM 构件 IP 化，以 IP 化的 BIM 构件作为每项任务信息记录的载体，使项目管理过程中积累的知识与经验以显性的方式保存下来，同时在进行计划管理工程中记录的生产数据也将记录下来，存储在企业数据库，为以后项目实施提供参考数据。

图 17　数据库结构

同时探索形成项目数据库的标准化管理，一个项目完成后就可以形成一个数据库，当未来许多项目的数据汇集在一起时，对这些数据按照不同的类型或需求进行归类与管理，形成一个大数据的雏形。用大数据的资源来为总承包管理的各项决策提供依据，而总承包管理中的动态信息又成为大数据的一部分。

4　应用总结

本项目 BIM 应用特色为基于施工区域和工效控制的 BIM 线性计划管理。依托于本项目对进度管理中的施工工效和区域控制进行的深入研究，总结并建立了项目进度管理的基本原理和数学模型，形成了一套逻辑关系严谨、数据计算清晰、理论应用灵活的进度管理方法，该方法适用于各类建设工程的各级进度管理。

本工程应用 BIM 技术，通过深化设计、施工模拟、物流管控、过程监控等手段在施工前发现及解决问题，减少因图纸错漏、方案不合理造成的返工；施工中节约工期及造价，优化过程管理；施工后进行效果对比分析，持续改进。

工程项目整体实施过程中，充分发挥 BIM 技术的优势，对进度、质量、安全、成本与场地的集成化管控，实现工程品质提升，为项目的全面综合管理与决策提供了有力技术支撑，具有较高的示范价值，值得在今后的同类工程中推广应用。

4.1 应用成效

4.1.1 经济效益分析

本项目 BIM 技术应用通过集成工程项目施工阶段的 3D 信息与进度、WBS、质量、安全、资源、成本与场地等信息，实现了工程项目不同参与方之间的数据交换和共享，保障了项目各参与方之间的有效交流和沟通；通过计划实施过程中动态精确地计划和控制每月、每周、每天施工进度，可减少或避免工期延误，保障资源供给和项目工期；同时可基于 BIM 模型动态地分配各种施工资源和场地，管理人员可根据施工进度对工程量及资源、成本进行动态查询和统计分析，有助于全面把握工程的实施进展以及成本的控制。通过对工程项目进度、质量、安全、成本与场地的集成化管控，为实现过程项目全面综合的管理与决策提供了有力支持。

（1）通过基于 BIM 的线性计划管理应用，本项目工期较传统方法缩短 50 天（地下室 39 天，地上 11 天），节约的各项经济效益 93.4 万元，情况分析见表 6（由工期节省带来的人员和材料投入数量变化不大，计算不做考虑）。

经济效益分析　　　　　　　　　　　　　　　　　表 6

序号	项目	数量	单价	时长	总价
1	地下室	4 台塔吊	2 万元/4 台/天	39 天	78 万元
2	地上	2 台塔吊	1.4 万元/2 台/天	11 天	15.4 万元
3	合计		93.4 万元		

（2）项目通过 BIM 的深化设计及工艺方案模拟技术，取得的主要效益共计 45 万，分析说明见表 7。

基于 BIM 技术深化设计效益分析　　　　　　　　　　表 7

深化设计内容	效益分析	效益金额	备注说明
BIM 优化地下钢筋钢骨连接	优化梁钢筋与钢骨连接方式，每施工段可节约钢筋绑扎 1 天，总计节约工期 12 天	24 万	4 台塔吊租赁费 2 万/天
Tekla 二次开发	在屋顶三维桁架深化设计时对 tekla 深化软件进行二次开发，实现"矩阵化"覆盖化设计，节约深化时间 10 天，相应节约工期 10 天	16 万	10 人深化团队，深化成本 800 元/人/天，一台施工塔吊，租赁费 0.8 万/台/天
BIM5D 排砖优化	将砌筑砖损耗率控制在 4.3% 以内，较常规（不排砖损耗率 8% 左右）可节约一半损耗	5 万	图纸量为 4050m³，可节约 160m³，砌筑材料单价 320 元/m³
合计	45 万		

本项目通过 BIM 技术的应用，较传统未应用 BIM 技术的管理方法，节约成本 138.4 万元。

4.1.2 质量效益

通过在本项目应用 BIM 技术，减少了施工中的拆改和返工浪费，分部分项工程质量一次验收合格率高达 100%，安全事故率和伤亡率均为 0。

通过 BIM 技术应用尽可能地将施工过程中的变更提前到项目前期，依靠深化设计、施工模拟等在正式实施前发现并解决存在的问题，减少因图纸错漏、方案不合理造成的返工，节约工期及造价，充分发挥 BIM 在施工过程管理中的优势，优化过程管理。

4.1.3 社会效益

本工程 BIM 应用成果突出，得到了业内专家的一致好评，并对 BIM 实施情况给予了高度评价。知名网站多次报道，社会影响广泛，项目完美履约，主体结构提前封顶，获得用户单位的好评，取得了良好的社会效益。

4.1.4 组织效益

BIM 技术在项目各部门间的联动应用，以生产管理理论为基础，以精益建造为原则，以科学管理现场为目标，通过协同办公带动各参建方之间的沟通联系，减少各个专业协调的复杂性，避免信息流被打断。

依托项目 BIM 应用，培养能够熟练应用 BIM 技术服务生产的应用人才，为公司和项目 BIM 技术的深入应用奠定基础，同时为项目申报"长城杯金奖"、"北京市建筑业新技术应用示范工程"、"全国建筑业绿色施工示范工程"及"北京市绿色安全样板工地"提供有力支撑条件。

4.1.5 环境效益

在节材、节水、节电等方面取得的经济效益见表 8。

节材、节水、节电经济效益分析　　　　　　　　表 8

类别	内容	金额（万元）
成本	混凝土	112.78
	钢材	122.8
节水	/	23.8962
节电	/	4.3194
合计		263.7956

4.2 思考与展望

4.2.1 BIM 应用体会

（1）明确不同专业建模细度，统一模型细度标准

项目 BIM 负责人应根据项目实际 BIM 应用点和不同专业 BIM 应用情况，明确不同专业在不同实施阶段的模型细度标准。同时要有统一的建模细度标准，建模细度不统一会造成 BIM 技术信息管理和综合协同的困难，没有统一的建模细度标准作为指导，会造成建

模细度不够无法指导现场施工，综合协调时无法发现潜在的问题。或者造成过度建模，带来不必要的工作量且无法产生对应效益。

（2）重视模型标准化处理

项目 BIM 负责人提前按照项目 BIM 标准的要求制作样板文件，供项目人员直接使用。把对应的项目基点、坐标、构件命名规则、颜色及分类、出图样式提前设定好，统一模型创建标准。同时根据 BIM 应用需求，对模型从专业和空间两个维度进行有针对性的拆分，既便于后期不同专业整合，也有利于导入特定平台进行算量或相关 BIM 应用。

（3）重视模型质量检查、维护与变更

模型是 BIM 应用的基础，模型质量对于 BIM 应用的成效至关重要。通过确认模型的完整性，进行模型细度审核，保证图模的一致性、合规性，提升模型质量。模型质量控制是贯穿项目整个 BIM 应用过程的工作，应形成定期、专人分级审查的机制，并建立问题闭环的流程，确保 BIM 应用具有高质量的模型基础。

施工 BIM 模型除了辅助施工外，还有一个重要功能就是交付竣工模型，为数字化运维提供可靠的 BIM 基础模型。因此，在施工过程中，需要根据工程变更、现场实际情况、新进场的专项设计以及设备选型，及时对 BIM 模型进行持续的维护和调整，使其与现场实际施工保持一致。

（4）BIM 应用点在于精而不在于广

BIM 技术应用点要切合实际，旨在解决项目实际难点问题，而非所有方案都要推动使用 BIM 技术。在满足业主合同要求和项目自身实际情况的前提下，对于部分投入较大的应用点，可以适当减少相关投入，过度投入反而适得其反，既浪费了人力财力，得不到显著回报，也导致基层人员对 BIM 技术的误解与抵触。

（5）BIM 平台未能充分发挥效益

项目虽然采购了广联达 5D 平台，但项目大部分人员日常的沟通和信息传递方式还是以传统的微信群、QQ 文件、线下拷贝与沟通为主，无法充分发挥协筑平台的优势。另外项目应用的 Vico Office 平台仅利用了 Schedule Planner 模块，其他模块内容尤其是商务算量模块运用较少，平台在信息化、协作性中的优势也未充分体现。

平台数据库主要是将文档、文件、模型、图片等显性方式以一定结构方式进行储存，未能通过数据的积累、分析进一步转化产生能直接用于参考和适用的管理经验。

4.2.2 BIM 应用建议

（1）项目级 BIM 应用流程标准化

本项目对 BIM 应用点的探索是以实际应用为导向，以项目工期进展为线索展开的，结合项目的工期推进，在不同的阶段，以 BIM 为技术策划工具与管理工具，不断发掘其应用价值。整个 BIM 应用与探索过程，都是以项目现场实际需求倒推出来的，缺少以 BIM 技术为出发点的整体化构思与策划。

下一步，计划以本项目 BIM 应用情况作为范本数据，进行项目级 BIM 应用标准化流程梳理。从 BIM 技术的角度出发，结合实际情况，梳理出 BIM 应用的通用化流程，提升项目管理效率，也便于 BIM 技术的进一步推广。

（2）项目级 BIM 负责人培养模式化

要让 BIM 转化为企业日常生产力，需要企业不同层次、不同专业或岗位的人员掌握与其工作职责和目标对应的 BIM 应用能力。企业级 BIM 应用人员和 BIM IT 支持人员不是每个应用项目必须具备的，但是项目级和专业级的 BIM 应用人员是所有项目都必不可少的。

专业级 BIM 应用人员的职责是应用 BIM 完成相应专业和岗位的工作，从而提高工作效率和质量。而项目级 BIM 应用人员的职责是能够利用自己的知识和能力，或者利用各种企业内外部资源，通过合适的 BIM 应用策划、管理和实施，最终达到提升项目质量和效益的目的。因此项目级 BIM 应用人员是项目 BIM 应用成败的关键。

在本项目 BIM 实施过程中，项目级 BIM 应用人员由项目部深化设计人员兼职实施，在项目实施后期也因为公司人员紧缺而被调配至其他项目，无法完成对项目全生命周期的 BIM 应用管控，不利于项目级 BIM 负责人的培养和孵化。建议在项目 BIM 应用中项目级 BIM 应用负责人应全程把控项目 BIM 应用直到项目竣工交付，既可以稳定地培养一批专业级 BIM 应用人员，又可以为企业培养出优秀的项目级 BIM 负责人。

（3）项目各部门间 BIM 联动应用流程化

BIM 技术在项目上的深入推广，离不开项目各部门间的配合。项目以 BIM5D 平台为基础，通过项目技术部、工程部、物资部、商务部、质量部、安全部的充分联动，最大价值地发挥 BIM 技术在项目管理中的辅助决策作用，充分利用 BIM 技术提升了项目管理效率，辅助质量安全管理并实现降本增效。

通过制定项目 BIM 部门联动应用实施路线、实施架构以及各部门具体职责，建立标准的 BIM 联动应用流程，打破传统的技术部负责实施 BIM 模式，利用 BIM 技术将项目各部门串联，打破项目信息孤岛，从全专业 BIM 发展成为全员 BIM 模式，有力地提升项目 BIM 应用深度和广度，让 BIM 真正成为项目各部门辅助管理的工具。

4.2.3 BIM 应用推广展望

（1）企业级知识库积累与建设

企业知识库是对企业历史项目所产生文档、数据的处理与总结，为未来同类项目做决策的依据。受制于现有的工具和技术，现阶段的企业知识库主要还是以文档为主，数据为辅的形式，数据库的建设也存在碎片性、割裂性和断层性的特点，主要表现为：

1）不同项目的数据建设和知识库都缺乏统一、系统、规范的保存标准和途径；

2）项目完工后才对项目进行数据整理，忽略了管理中决策过程的记录；

3）知识库的建立大都以完成任务的形式进行，没有通过日常的标准化共组模式来适应跨专业的数据管理和应用环境。

理想中的企业知识库是以模型构件为载体的数据体现，通过数据属性归类和逻辑设定后，形成一个大数据雏形，然后用大数据的资源来为总承包管理的各项决策提供依据。本项目的线性计划与深化管理也借鉴了大数据的思路，但大数据不仅是收集大量数据，更重要的是大数据的后期处理，从大数据中提取出有用信息。本项目在数据处理所做的工作还较为简单，下一步将数据的影响因素充分考虑，纳入数据库，以机器学习等方法对数据进行处理，将施工数据转变为"影响因素—结果"的函数形式，指导后续项目应用。

（2）建筑 BIM 应用与智慧城市探索

本项目 BIM 模型竣工交付实现了 BIM 应用与后期运维，智慧楼宇的初步交互。后期通过 BIM 数字化楼宇运维全面提升了楼宇运维的管理水平，不论是对楼宇整体情况的监控，还是对物业管理的效率提升，都解决了原有依赖人力难以控制的问题。

利用 BIM 技术建立一个完整透明的城市地下管网的专业信息数据库，能更好地解决城市管网后期的运营以及改造工程，有助于更直观便捷的发展城市的地下空间。同时将 BIM 技术在地上建筑及管线优化协调的优越性延展到地下管线和市政相通，通过结合地上建筑的三维信息模型，合成一个地上地下全覆盖的组团级城市信息模型。这个信息模型不仅在形式上是一个更全面更宏观的集合，而且在数据信息上承载更多可分析的价值，成为从单体到小区到居住区，从单个公建到整个商业街或公建群的新兴城市规划管理的数据基础。

案例八　新奥大厦工程

1　项目概况

1.1　项目基本情况

　　新奥大厦项目位于奥体商务园区内，东临外运大厦，北侧为奥体三号路，西侧为北辰东路，南侧为未施工的中航国际大厦及已投入使用的 220kV 变配电站（黄寺配电站）。本工程作为奥体商务园区的重要部分，建成后将大大增强奥体商务园区的服务功能，让奥林匹克公园进一步成为集金融服务、文化休闲、商贸服务等功能为一体的多元复合区域。如图 1、图 2 所示。

图 1　工程位置图

图 2　项目周边概况

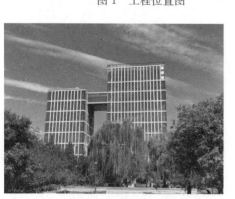

图 3　项目效果图

　　本工程地下五层，地上两座塔楼，其中 A 塔 22 层，建筑高度 99.45m；B 塔 17 层，建筑高度 80.95m；总建筑面积 74256.86m²。A、B 塔采用钢连廊进行连接，连廊设置在 16～17 层之间，高 68.8m、长 21m。连廊内不仅可供人们自由穿梭，还设有许多功能厅，并配以近 6m 的超高吊顶，在满足内部会议休闲空间自然采光的同时，还可透过连廊俯瞰整个奥运园区，景色磅礴大气，奥体中心、鸟巢等奥运标志性建筑清晰可见。如图 3 所示。

　　连廊下是 30m 高的阳光大厅中庭，在满足基本办公需求的同时，尽最大可能增加采光，180°观景转角玻璃窗，为办公提供无限视野享受。未来这里将作为小型沙龙、发布会等活动场所，方便入驻企业开展商务活动。

1.2　参建单位情况

工程主要参建单位见表1。

主要参建单位	表 1
单位类别	单位名称
建设单位	北京城奥置业有限公司
设计单位	北京城建设计发展集团股份有限公司
勘察单位	北京城建勘测设计研究院有限责任公司
监理单位	北京方正建设工程管理有限公司
总承包单位	北京城建亚泰建设集团有限公司

1.3　项目重难点及 BIM 应对措施

（1）本工程地处奥运核心区，东临外运大厦，北侧为奥体三号路，南侧紧邻 220kV 为奥运核心区供电的变配电站，西侧为北辰东路，施工场地狭小，场地平面布置困难。如图 4 所示。

图 4　工程周边情况

应对措施：在开工伊始，通过在现场实地测量，采用 BIM 技术进行场地平面布置，合理布置施工现场的钢筋加工区、模板存放区、配电室、消防水池的位置，满足现场的施工要求。

（2）工程质量标准高

质量创优目标为结构长城杯金质奖、建筑长城杯金质奖，争创国家优质工程奖，安全创优目标是北京市绿色安全样板工地，节能目标是绿建三星。

应对措施：在项目开工时明确创优目标，对项目部人员进行宣贯，加强项目部及施工人员的创优意识；在项目实施过程中，实施项目策划，保证每项工序施工之前，从技术质量、安全生产及经营进行策划，应用 BIM 技术智慧工地管理平台进行现场管理，保证每项工序有序进行，提高施工过程的精细化管理水平。

（3）塔吊选型与布置

本工程基地形状为"L"形，总用地面积 6040.7m²，西侧南北长约为 54m，东侧南北长约38m，东西长约141m。建筑结构形式为框架—核心筒体系，存在部分型钢混凝土柱，在6～7轴间/16～18层有跨度为17.8m的钢梁，同时在东南侧有220kV的变配电室，应充分考虑合同工期、起重量情况、施工段内安装吊次、塔吊工作效率、市场情况等因素，确定塔吊选型与布置方案。

应对措施：根据结构形式，A塔塔吊布置在A、B塔之间，B塔塔吊设置在B塔西侧。利用BIM技术进行塔吊的布置，如图5所示，通过安装黑匣子系统，塔吊的小车进入变配电站区域时，塔吊的监控设备会发出声光和语音报警，同时将塔吊的运动状态从高速截断至低速，达到监控系统设置的报警值时，系统会持续报警，并将切断塔吊向危险方向动作的电源，进而避免小车运行到变配电站上空，且进入危险作业区域。此时收回小车，大臂方可继续向前转动，进而保证变电站在未搭设硬质防护的前提下的安全。

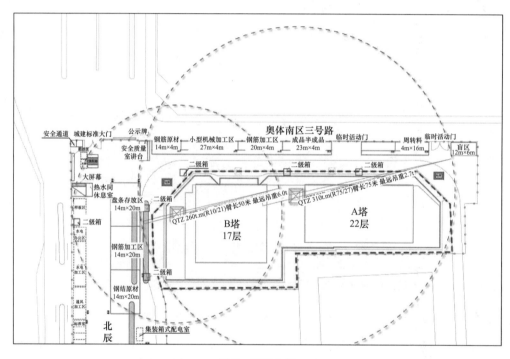

图5　塔吊布置

（4）钢结构整体吊装难度大

钢结构连廊位于A、B塔之间，周边场地紧张，钢连廊高度高，施工难度大。

应对措施：应用BIM技术对钢连廊进行深化设计及施工模拟，明确施工过程中可能出现的问题，提前进行预控，保证钢结构按照施工总进度进行施工。如图6所示。

（5）普通部位的模板支撑体系采用的是承插性键槽式支撑体系，不能用于高支模支撑体系中，对于危大模架采扣件式支撑体系，容易造成模板支设错误。

应对措施：应用BIM技术对高支模进行识别，区别出危大模板区域和一般模板区域，在材料运输、模板支设及现场检查时，快速识别区域，明确支撑体系。如图7所示。

图6　钢结构连廊位置

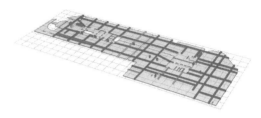

图7　危大模板布置

（6）施工现场处于核心区，且本工程的节能标准是绿建三星，绿色施工要求高。

应对措施：本工程基于 BIM 技术对施工现场的场地布置进行合理规划，保证施工现场能够得到有效利用；同时利用智慧监管平台对施工现场的温度、湿度、噪声、PM2.5、PM10 等进行环境监测，如图8所示。现场一旦出现绿色施工不合格的地方，管理人员能够第一时间获得信息并进行处理。

图8　智慧监管

（7）机电管线复杂，净空要求较高，公共区域无吊顶

应对措施：应用 BIM 技术对机电管综进行深化设计，首先进行项目一次结构的预埋孔、洞的预留，如部分现场已施工则应复核孔洞的位置，及时调整深化设计管线走向。随项目施工进度，配合确定二次结构和预留预埋孔洞位置，对现场预留预埋工作中产生的误差要及时调整管线，并反映在施工图与 BIM 模型中。充分利用 BIM 技术的可视化特点，进行各专业的协调和沟通。如图9所示。

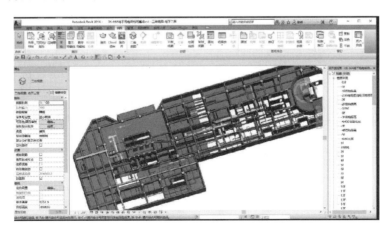

图9　机电管综

2 BIM 实施组织策划

2.1 BIM 应用目标

根据对本项目 BIM 应用需求的调研，确定本项目的应用模式是施工过程中应用。通过 BIM 技术应用辅助解决因不完备的建造文档、设计变更或不准确的设计图纸而造成的工期延误、质量问题等。支持参建单位在施工之前预测施工过程中遇到的各类问题，提前对项目进行预控，避开施工过程中出现的各类问题，控制投资，按时优质完成项目建设。

本项目 BIM 的主要应用目标为：通过可视化的项目管理，实现施工过程精细化动态管理与各参建方的全局共享协同，提升建筑整体建造水平。

（1）明确项目模型标准。确定各专业施工建模标准，明确及细化 BIM 技术应用点。通过建立各模型专项标准，为项目 BIM 技术的应用奠定基础；

（2）明确施工阶段 BIM 应用目标。对施工阶段 BIM 各参与方的职责进行明确，对具体操作流程、协同流程提出构想，对应用成效及成果作明确要求；

（3）明确基于 BIM 成果的质量、进度管理内容，形成一系列 BIM 实施保障措施；

（4）明确和细化各阶段 BIM 各参与方职责分工。包括明确各项 BIM 技术实施及应用的责任主体，结合项目管理流程及基于 BIM 的项目管理规划，深化协同平台工作模式。通过对项目各参与方在 BIM 应用上相应职责的细化与切分，落实 BIM 应用的实施过程，加强项目管理的管控力度，提高 BIM 实际操作中的实施效率。

BIM 技术应用具体目标见表 2。

BIM 技术应用目标 表 2

序号	BIM 应用目标	工作路径
1	优化现场场地布置	基于广联达 BIM5D 现场模拟
2	加强项目设计与施工的协调	基于 BIM 模型完成施工图综合会审和深化设计
3	优化模板脚手架的施工与方案	广联达模板脚手架设计
4	减少施工现场碰撞冲突	碰撞检测
5	主体结构与地下车库的沉降观测数据，为提前进行后浇带浇筑提供依据	在结构上贴应变片，数据连接到智慧平台上，每日进行数据统计
6	优化施工进度计划及流程	斑马进度计划、4D 施工模拟
7	实现钢构件的构件跟踪及施工质量控制	预制构件的深化设计、吊装模拟、可视化交底
8	构件跟踪管理	结合二维码技术及 BIM5D 平台实现预制、预加工构件跟踪管理
9	施工现场远程监控和管理	基于智慧工地管理平台实现施工现场远程实时监控和管理
10	施工现场施工人员安全体验式教育	基于互联网的施工人员培训
11	实现工人的进、出场管理	基于物联网的施工人员实名制管理

2.2 BIM 应用范围

BIM 技术应用范围及应用内容见表 3。

BIM 技术应用范围及应用内容 表 3

应用阶段	序号	应用范围	应用内容
基础应用			
施工准备阶段	1	图纸会审	通过建立各专业模型，明确各专业设计不合理的地方
	2	碰撞检查	各专业碰撞检查、管线综合、净高检查等
	3	模板设计	通过 BIM 技术对模板进行设计，识别高支模区域
	4	钢筋翻样管理	本工程利用云翻样软件进行钢筋翻样，并对施工关键部位进行三维钢筋交底。与劳务的钢筋翻样进行比对，确认钢筋是否有偏差，同时还能计算出下料后余料情况，对不同种类、级别的钢筋分类码放，以备后续再利用
	5	深化设计	对钢结构进行深化设计
	6	机电管综优化	采用 BIM 技术对机电管综进行管线优化，保证管综的净高满足要求，管综排布美观整齐
施工阶段	7	构件跟踪	采用 BIM 技术对施工现场的钢构件进行构件跟踪，保证构件自工厂加工到进场安装进度可控
	8	基于 BIM 技术的高支模设计及识别	通过对高支模进行识别，有利于施工现场能够快速识别高支模的范围，保证模板支设的准确性，同时对高支模进行监测，确保高支模体系在混凝土浇筑过程中的安全及稳定性
	9	可视化交底	针对图中的复杂节点，翻成三维模型，对施工人员进行交底，直观明确；将施工技术交底、各项操作规程及集团强制性做法图集设置成二维码，代替原始纸板交底文件，并将设置好的施工技术交底二维码张贴在施工现场，随时学习交底内容，随时查看、掌握交底要求和技术指标
	10	基于 BIM 技术的物料管理	基于 BIM 进行三维模型算量，模型的工程量与施工现场实际用量、经营计算量进行三算对比，保证材料用量的可控性
	11	基于 BIM 技术的信息传递	基于 BIM 平台保证信息的有效传递，包括施工方案、技术交底、设计变更以及一些施工动画等内容的信息能够有效传递
	12	基于 BIM 技术的进度管理	将人、料、机消耗量以及资金计划等附加给相应施工任务，在施工过程中，将实际施工进度和实际发生的资源消耗对应录入生成 5D 动画，自动进行精细化对比并显示结果，若实际进度发生偏差（包括进度滞后和进度提前），将根据发生偏差的部位和发生偏差的原因自动提出警示，方便管理人员根据警示有针对的制定切实可行的纠偏措施
创新与示范应用			
施工阶段	1	基于 BIM 技术的狭窄施工场地布置	采用 BIM 技术进行三维场地布置，合理优化场地，并合理布置塔吊位置，降低塔吊对南侧变配电站影响，同时设置安全监控系统、视频监控系统，保证施工现场的安全及施工现场的实施可控
	2	基于 BIM 技术的钢结构施工管理	通过钢构件进行深化设计及构件跟踪，确保钢构件能够按时施工

2.3 组织机构及岗位职责

项目 BIM 应用组织机构及岗位职责、人员配备见表 4。

BIM 应用组织机构及人员配备表 表 4

职务	姓名	承担的主要工作
BIM 工作组组长	董佳节	负责项目 BIM 总体协调管理
BIM 工作组副组长	费恺	负责项目 BIM 总体协调管理
	李守彬	负责项目 BIM 总体协调管理

续表

职务	姓名	承担的主要工作
项目总负责人	张文政	负责施工现场内 BIM+智慧工地协调管理
BIM 应用指导	郑艳龙	负责施工现场内 BIM 协调管理
技术总负责人	崔新梅	负责结构建模及 BIM 项目技术应用
经营总负责人	郑志娟	负责 BIM 在商务部门的应用与推广
BIM 各专业协调人	于永康	负责 BIM 在生产部门的应用与推广
BIM 安全实施人	康然	负责 BIM 在安全部门的应用与推广
BIM 土建负责人	李家豪	负责模型组建工作的实施
科技创新负责人	孙浩	负责模型策划及实施
BIM 工作组组员	郑翠起	族库及实施标准制定
BIM 工作组组员	卢云召	结构专业 BIM 模型
BIM 工作组组员	张路生	建筑专业 BIM 模型
BIM 工作组组员	贺跃廷、倪德欢	水电专业 BIM 模型
BIM 工作组组员	李家豪	BIM 资料整理汇总

2.4 软硬件配备

2.4.1 软件配备

项目 BIM 实施软件配备情况见表 5。

软件配备表 表 5

序号	软件名称	版本	单机/协同	软件用途
1	Autodesk Revit	2016	单机	建筑、结构、MEP 建模
2	Autodesk Navisworks	2016	单机	碰撞检查、节点动画模拟
3	广联达 BIM5D	2.5	协同	施工管理平台
4	Lumion	6.0	单机	精装漫游动画
5	MagiCad for Revit	2018	单机	机电管线建模
6	广联达 BIM 施工现场布置软件	V7.6	单机	场地布置
7	协筑	2.28.2	协同	广联云空间，云端共享
8	鼎泰人员违规查询系统	/	协同	查询施工现场违规人员、行为信息
9	广联达人脸识别平台	/	协同	自动检测施工现场人脸进行登记
10	Photoshop	2019	单机	图片处理与编辑

2.4.2 硬件配备

项目 BIM 实施硬件配备情况见表 6。

硬件配备表 表 6

序号	设备名称	型号	数量	配置	用途
1	戴尔	Precision Tower 3620 Mini Tower	10	处理器：英特尔 Core i7-6700 @3.40GHz 四核 主板：戴尔 09WH54（英特尔 Skylake-S-100 Series/C230 Series 芯片组-A149） 主硬盘：AGAL XXGAKC15021A（512GB/固态硬盘） 显卡：Nvidia Quadro K2200（4GB/Nvidia）	主要用于建筑、结构、MEP 建模

2.5　项目 BIM 应用流程、管理制度

2.5.1　BIM 应用流程

项目 BIM 应用流程如图 10 所示。

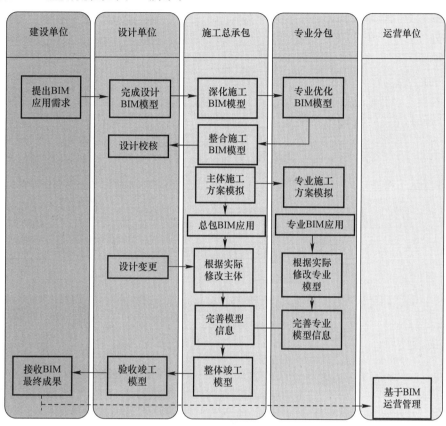

图 10　BIM 应用流程图

2.5.2　BIM 应用管理制度

BIM 会议制度

会议制度分为工作例会与节点会议，会议议题为汇报 BIM 计划执行情况和完成成果，找出并解决问题，提出改进措施。

工作例会，在项目例会上，将 BIM 工作列为讨论项。BIM 工作包含项目实施 BIM 过程中团队建设、软硬件配置、工作流程、技术难点、管理重点、协同工作等相关工作内容。会议内容包括：

1）检查上次例会中 BIM 工作落实情况；

2）本次例会中出现的 BIM 问题及解决方案；

3）对下一阶段 BIM 工作的要求；

4）其他 BIM 相关工作。

节点会议，在下述节点召开专项 BIM 工作会议进行讨论和决议：

1)《项目施工 BIM 实施细则》方案审议及交底；

2）图纸会审、模型会审；

3）设计交底、模型交底；

4）专业分包单位、主要材料供应商遴选；

5）重大施工方案比选；

6）重大隐蔽工程验收；

7）分部分项工程验收；

8）单位工程验收。

会议组织：

1）参会人员：总包、监理及钢结构分包单位派遣的 BIM 管理员参与，项目技术负责人、各专业分包 BIM 管理员必须到场。

2）时间：工作例会每周一次，节点会议根据项目实际进展情况召开。

3）会议流程：各专业 BIM 工程师汇报上周 BIM 完成情况→BIM 顾问协助业主对完成情况进行工作检查→BIM 顾问协调未解决问题→BIM 顾问制定下一周工作计划→甲方 BIM 负责人总结。

3 创新与示范应用

3.1 基于 BIM 的狭窄施工场地布置

3.1.1 应用内容

新奥大厦（OS-06A 地块综合性办公商业楼）位于奥体商务园区内，东临外运大厦，北侧为奥体三号路，西侧为北辰东路，南侧为未施工的中航国际大厦及已投入使用的 220kV 变配电站（黄寺配电站）。施工场地狭小，场地布置困难。基于现场情况，本工程应用 BIM 技术进行场地布置，在场地布置时考虑塔吊布置时覆盖变配电站的问题及场地重要部位设置视频监控，既保证场地的合理规范，又提高施工现场的安全性。

（1）场地布置

通过建立现场三维模型，布置地基基础施工阶段、结构施工阶段、装饰装修施工阶段的场地，通过漫游和模拟施工，合理确定施工现场的布置，保证现场运输道路畅通，有效避免二次搬运，达到节约成本的目的。如图 11 所示。

（2）塔吊防碰撞

在布置 A 塔塔吊的时候，充分考虑满足 A 塔周转料、A 塔及 B 塔型钢柱、A 塔的大钢模、A 塔钢筋等物料的吊装吊次，确定塔吊的最佳安装位置。同时明确塔吊在变配电站上空的覆盖范围，采用塔吊黑匣子系统确保塔吊大臂上的小车无法运行到变电站上空。如图 12 所示。

（3）视频监控

在场地四周及施工现场重要位置设置监控系统，使用数字视频处理技术、自动控制、网络传输技术和人工智能等技术，提升视频快速处理能力、数字信息抗干扰能力、便于快

图 11　三维场地布置

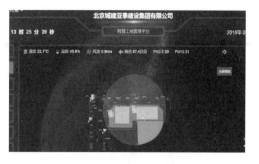

图 12　塔吊防碰撞

速查询记录。通过 IP 网地址，把监控视频连接到任何一个监控点，实现闭路监控系统的远程、集中、实时效果。与 BIM 模型有效结合之后，直观地查看生产情况、现场人员分布情况，合理调配现场资源。同时监测现场的照明设备、空调等设备运行情况，通过 APP 设备进行控制，做到了作业区、办公区、生活区全天候 24 小时的无死角监控。本工程作为初期视频监控与智慧平台的研发试点工程为后续的平台研发提供了实践数据。

在本工程共有三种视频监控：

① 安全防护类：沿施工现场围挡设置安全监控，设备采用固定枪机，设置在围挡上部，共计安装 12 个；

② 实时监管类：主要是在塔吊顶部、基坑周边、材料加工区等重要施工作业面设置，主要用于实施监控、查看了解施工现场进度形象、安全作业环境、施工质量等，设置高度在 3m 及以上，共计采用 24 个固定枪机。同时在塔吊上部同时安装 6 个高清球机，全景观测项目整体相貌，实时监测工程进度。如图 13 所示。

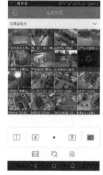

图 13　视频监控系统

③ 基于人脸识别的智慧工地监管类：主要为现场人员人脸识别及吸烟行为识别专用。工作人员通过人脸识别进入施工现场。在出入现场时，能够抓拍现场吸烟、不佩戴安全帽等不安全施工行为并在后台显示记录。设置高度在 1.2～1.5m 之间，共计安装 3 路。如图 14 所示。

3.1.2　实施流程

具体实施流程如图 15 所示。

图 14　红外线监控

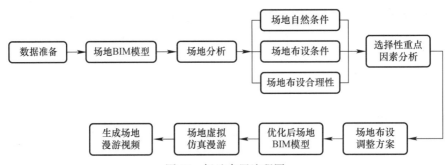

图 15　场地布置流程图

（1）依据建设单位提供的地勘报告、园区规划图纸、本工程定位图纸及现场实地踏勘，细致了解现场各方位情况及周边建筑情况。

（2）建立模型，主要包括三个施工阶段：

① 地基与基础阶段

地基与基础阶段，主要进行基坑支护及土方开挖工作，本工程共计 223 根护坡桩，组织三台长螺旋钻机进行护坡桩的施工。因施工作业面狭小，需合理布置三台长螺旋钻机的机位，护坡桩采用跳打法施工。既要保证每台桩机在最小的移动范围内最多的进行护坡桩的施工，又要综合考虑因钢筋笼较长，需两台吊车协调配合进行护坡桩的钢筋笼吊装引起的交叉问题。通过场地的施工模拟，确定施工现场施工机械的排放位置，保证施工的顺利进行。

本工程基坑紧邻建筑红线，采用桩锚支护体系进行支护，无法在基坑外部设置大开挖放坡马道。因此需要在基坑内部设置马道，保证土方能够有序快速开挖并运出基坑。基坑深度为 25m，要保证基坑内的土能够快速的运出基坑。通过 BIM 模拟，确定基坑开挖至 15m 之前，马道设置在基坑北侧，主要进行南侧的土方开挖及锚杆施工。开挖至 15m 之后，马道翻转至南侧，进行北侧的锚杆施工，保证后续结构有序开展施工。最后采用长臂挖土机进行南侧马道部位的土方收尾工作。

② 结构施工阶段

结构施工阶段主要布置临时用水、临时用电、垂直运输、材料存放区等位置的布置。

A. 材料存放区

场地狭窄，可利用场地少，因此需合理布置主要堆放钢构件、钢构件、钢筋半成品堆场、木工棚、模板堆放场、水电料等主要材料及钢筋加工场。采用 BIM 技术，将材料堆场尽量在塔吊的有效覆盖范围内进行布置。根据施工进度安排，周转材料随到随用，用完后进行清理退场。同时保证在结构封顶时，钢筋加工区拆除后可以保证装修材料的堆放。

B. 施工临时用电

施工现场临时用电主要为施工现场施工机械设备提供电源，根据施工进度情况本工程主要分为地下结构、主体结构和装饰 3 个施工阶段，通过 BIM 技术模拟各个施工阶段设备分布情况。为塔吊、外用电梯等一次性安装到位用电设备提供专用配电箱且一次配置到位，直至该设备拆除。地下室施工阶段配电箱布置到基坑四周及施工作业面；主体施工阶段配电箱主要以主体作业面施工用电为主；装饰施工阶段主要是各楼层施工用电。

C. 垂直运输

通过 BIM 技术，综合考虑结构施工阶段钢筋、周转料、钢构件等吊运需求，确定选用塔吊的参数、吊次等。

（3）根据场地分析结果，评估场地建设方案的可行性，调整设计方案；模拟分析、场地方案调整需要多次推敲，直到最终确定最佳场地布设方案；

（4）对场区施工人员进行交底，明确施工场地的总体平面布置，及各专业分包单位的材料加工区及堆放区。

3.2 基于 BIM 技术的钢结构施工管理

3.2.1 应用内容

本工程两座塔楼之间，在 16～17 层采用如图 16 所示的钢结构连廊进行连接，钢连廊底部高度为 70m。为了满足钢连廊的受力要求，如图 17 所示在钢结构两侧自地下一层到地上 A、B 塔十七层位置处采用型钢柱。因场地狭小，无法布置型钢柱的存放区，根据施工进度，型钢柱需每次到施工时方可进场。

（1）构件跟踪

利用 BIM 技术有效控制钢结构的进场时间，保证施工工序有效衔接，最大程度保证施工的有效实施。通过生成的二维码，在 BIM5D 平台上实现钢构件生产加工、运输与进场安装验收跟踪监控。依施工进度计划，确定钢构件的进场时间及安装时间，并进行施工模拟，在模拟中确定施工工序衔接是否达到最优的施工进度控制。

依据深化完成的 BIM 模型生成钢构件的二维码，信息主要有：钢构件的加工日期、出厂日期、进场日期、安装日期。钢结构加工单位依据进度计划进行钢构件的加工及出厂。每道工作完成后由相关管理人员在 BIM5D 上填报完成情况，并与计划进行比对，保证构件进场与施工现场进度相吻合。

（2）钢连廊吊装施工方案对比

在钢连廊吊装时通过筛选，共提出两种吊装方案：高空散装法和整体提升法。通过 BIM 技术方案进行模拟施工，选定最优方案。

方案一：高空散装法

① 施工工期：两层安装时间 45 天；

② 吊装方式：采用塔吊进行吊装；

图 16　钢连廊位置

图 17　型钢柱位置

③ 操作地点：逐根构件吊装焊接；

④ 安全系数：高空作业，在施工过程中施工人员在吊篮中进行焊接作业，危险系数高；

⑤ 质量保证：不易把控质量；

⑥ 相关影响：需要采用塔吊进行吊装，因塔吊设置在钢连廊位置处，会导致塔吊无法降塔拆除；影响 A 塔西侧及 B 塔东侧幕墙安装。

方案二：整体提升法

① 施工工期：两层安装时间 30 天，其中焊接 17 天，上层钢结构提升时间 7 天，下层钢结构提升时间 3 天；

② 吊装方式：采用液压同步提升设备；

③ 操作地点：在钢连廊底部对应位置进行焊接拼装成整体，然后进行整体提升；

④ 安全系数：先焊接底层钢连廊，再焊接顶层钢连廊，焊接过程中两层钢连廊高度共计 2.2m，安全有保证；

⑤ 质量保证：因钢连廊是在地面拼接完成后进行整体提升，焊接质量容易把控；

⑥ 相关影响：影响 A 塔西侧及 B 塔东侧幕墙安装。

通过对比分析，钢连廊整体提升法要比高空散装法在工期方面、质量安全方案及对其他工序影响方面都有较好的优势，因此最终选定整体提升方案。

3.2.2　应用流程

（1）钢结构构件跟踪流程如图 18 所示：

将模型导入 BIM5D 平台，对每个构件编制"跟踪编号"，并保证其唯一性，然后设定跟踪计划。

所有钢结构跟踪构件的二维码，由钢结构厂家在生产阶段打印张贴在构件上。所有构件数据及流程数据上传到云服务器中。每个阶段由现场跟踪人员使用手机端扫描二维码添加现场信息，可以是文字、照片等形式的资料。跟踪人员将现场照片、检测报告、验收合格证等资料实时上传录入，直到现场吊装、施工成型验收完成，此构件跟踪结束。采集的数据、实际完成时间及构件的详细信息全部上传到服务器中，以上信息均可在电脑端、网页端同步查看。如图 19、图 20 所示。

图 18　钢构件跟踪流程

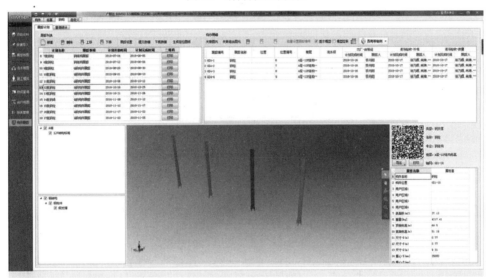

图 19　构件跟踪批次建立

图 20　构件跟踪手机端

（2）钢连廊整体提升流程如图 21 所示：

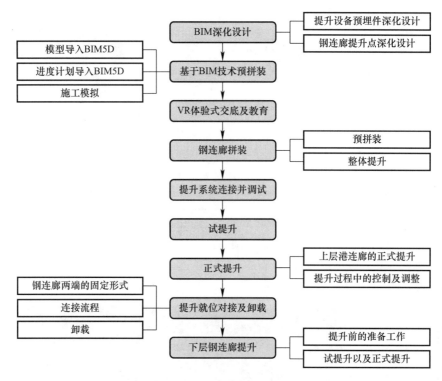

图 21　钢连廊整体提升流程

① 应用 BIM 技术对钢连廊部位进行节点深化设计

A. 为保证提升架与原结构柱之间的可靠连接，还应在原结构框架柱上设置预埋件。根据 A、B 塔结构不同，A 塔液压提升设备预埋件设置在 18 层框架柱侧边，B 塔液压提升设备预埋件设置在 17 层顶部框架柱上。如图 22、图 23 所示。

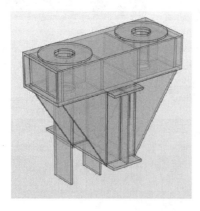

图 22　A 塔提升支撑架

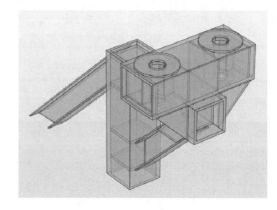

图 23　B 塔提升支撑架

B. 为保证提升过程中被提升结构整体满足强度、刚度及稳定方面的要求，在钢连廊提升吊点位置处增加加劲肋。如图 24 所示。

② 基于 BIM 技术的钢结构预拼装

通过模拟三种不同情况下钢连廊的提升状况，提前做好预控措施，保证施工的有序进行。通过预拼装，可以看出为了实现钢连廊上层钢结构的吊装，上下两层吊装牛腿需错开 100mm，以满足上下两层钢结构的吊装工作。

③ VR 体验式交底及教育

本项目钢结构施工属于高处作业，存在一定的危险性，为提高施工人员的安全意识，在钢结构现场施工前，对施工人员进行 VR 体验式教育。

根据施工现场建立的模型，确定进行体验的内容，钢结构提升过程中主要有火灾、高空坠落、物体打击、触电等，因此在钢结构施工人员出入位置处体验以上四类的内容，提高施工人员的安全意识。如图 25～图 28 所示。

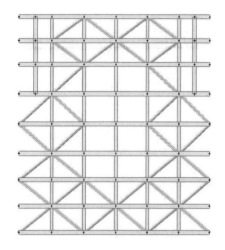

图 24　钢连廊深化设计

图 25　高空坠落

图 26　触电

图 27　物体打击

图 28　火灾

3.2.3　效益分析

本项目使用钢构件跟踪系统提高了产品质量和成材率，提高了建设能力，工期提前了 14 天，节省了劳动力及成本，共节省 23 万元。在工期紧张的情况下，提前进行钢构件的进场策划，保证钢构件进场及安装能够按照现场的进度进行，保证主体结构封顶时间。

4 应用总结

4.1 应用成效

（1）本工程 BIM 技术应用在施工各个阶段，通过 BIM 建模、碰撞检查提前预判图纸中的问题，及时对图纸中出现的问题进行优化，并经设计确认，减少了施工过程中因图纸问题引起的工期延误，保证了施工生产的有序进行。同时利用 BIM 模型进行工程提量，保证施工生产中的材料有序供应。

（2）在施工过程中通过 BIM 技术控制钢筋的用量，对超过一定规模的危险性较大的模板工程进行识别并进行计算。

（3）通过 BIM 技术进行 VR 安全体验，提高了施工人员的安全意识。

（4）利用 BIM5D 平台，实现了施工信息的传递、物料管理、进度管理、生产管理、施工模拟等。

（5）利用智慧工地平台，有效辅助了施工现场的质量、安全管理，实现施工现场的塔吊的监管，解决了施工场地狭小而引起的塔吊大臂运行轨迹问题，并实时采集施工现场的温湿度、PM2.5、噪音等环境信息，在施工现场全方位布置监控系统，实现在智慧平台上实时监控。对施工现场的喷淋系统、照明系统实现远程操控。对施工人员进行人脸识别，实现劳务实名制控制，同时控制人员出入施工现场。

4.2 经验体会

（1）在项目初期需明确 BIM 技术的应用目标及应用点，并提前做好策划，避免在过程中穿插应用，造成后续施工困难。

（2）针对全员参与的 BIM 技术应用，需在应用前做好培训工作，将 BIM 工作融入日常工程管理工作中，真正做到与工作相结合，切勿为了应用 BIM 而应用，并定期进行考察，确定应用执行情况。

（3）在项目实施阶段，应合理划分项目参与各方职责，避免因合同规定不明确而产生的责任纠纷。

案例九 三利大厦改扩建工程

1 项目概况

1.1 项目基本情况

三利大厦改扩建工程位于北京市东城区安定门外 208 号，西邻安定门外大街，南至安外东后巷，北至厚重文脉中心地坛西门，地处北京坛庙中轴线旁。由全球顶级建筑设计事务所 SOM 秉承"致敬方泽、焕然新生"的理念进行设计，采用多项顶尖建筑科技，是一座承载丰厚文化底蕴的 5A 国际甲级写字楼。效果图如图 1 所示。

图 1 项目效果图

工程总建筑高度 60m，地下 3 层、地上 13 层（局部 3/5 层），占地面积 13030m²，总建筑面积 81698m²，地上建筑面积为 52120m²，地下建筑面积为 29578m²。工程概况如图 2 所示。

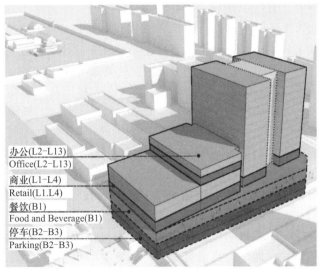

办公(L2-L13)
Office(L2-L13)

商业(L1-L4)
Retail(L1.L4)

餐饮(B1)
Food and Beverage(B1)

停车(B2-B3)
Parking(B2-B3)

图 2 项目概况

1.2 参建单位情况

工程主要参建单位见表1。

主要参建单位   表1

单位类别	单位名称
建设单位	北京昆庭资产管理有限公司
设计单位	中国建筑技术集团有限公司
勘察单位	中航勘察设计研究院有限公司
监理单位	北京新恒元工程监理有限公司
总承包单位	中国建筑一局（集团）有限公司

1.3 项目重难点及BIM应对措施

（1）项目地处北京市二环中心城区，北侧与国家级重点文物保护单位地坛公园仅一墙之隔，场地南侧为安外东后巷（5m），紧邻居民区，施工环境控制、文物保护要求高。如图3所示。

图3 项目地理位置示意图

应对措施：项目在开工前期组织会议，利用BIM技术制定不同施工方案并模拟分析，减少噪声，给周围居民提供良好的居住环境；建立地坛西门附近模型，分析场地情况，制定切实可行的文物保护实施方案，确定大型机械及北侧基坑管理方案。

（2）项目西侧为安定门外大街，道路交通密集、车流量大，早晚高峰明显；南侧为安外东后巷，道路狭窄、紧临居民区，交通组织复杂，如图4所示。场地周边交通复杂、运输时间受限，现场仅南侧一个大门，材料供应压力大。

应对措施：利用BIM技术分析西侧安定门外大街交通情况，合理利用项目围挡与安定门大街之间的人行通道，创建各阶段BIM模型和场地利用计划，避开交通管制及高峰期，适当调整混凝土作业时间。与当地相关部门沟通，在保证合理交通的情况下，利用BIM模型辅助对安外东后巷进行区域划分，通过BIM技术辅助确定施工部署方案、规划材料进场时间。

（3）场地内部基坑深、地下管线错综复杂，基坑南侧距围挡8m，东侧、西侧、北侧距场地围挡仅2m，可用空间极其狭小，现场场地十分有限，场地划分、材料堆放及运输管理难度大。如图 5 所示。

图 4　项目周边交通情况

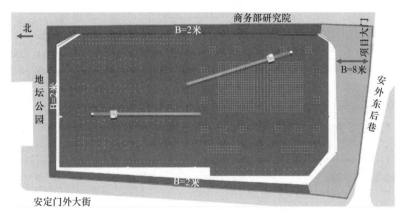

图 5　场地内部环境示意图

应对措施：利用 BIM 技术创建场地模型，配合场地划分和应用管理。通过 BIM 技术研究出一套狭小场地管理方法，实现有计划、有秩序的场地管理目标。利用 BIM 分析现场实际情况，辅助项目基础施工阶段、地下结构施工阶段、主体结构施工阶段、装饰装修施工阶段的施工管理，制定有针对性的应对措施，合理布置堆放区域，满足项目材料堆放及运输需要，确保项目正常施工。

（4）工程设计复杂，含有高支模、深基坑、大体积混凝土等危大、重点工程，施工工序复杂、施工管理难度大。如图 6 所示。

应对措施：通过建立项目结构、建筑等 BIM 模型，分析施工难点、特殊位置，进行重点部位深化设计。同时利用 BIM 模型配合进行方案设计、方案模拟、方案交底、方案

图 6　基坑实景图

验收工作，统一基于 BIM 技术的施工方案实施和管理方法，提高项目人员对施工方案的深刻认识，确保施工方案各项措施有效落地，达到降低施工风险、保证工序质量的管理目标。

（5）本工程创"国家优质工程"，质量目标高、施工要求严。

应对措施：项目始终坚持"目标管理、创优策划、过程监控、阶段考核、持续改进"方针，精心选配富有经验的人员组成项目团队，为实现目标打下坚实基础。项目各部门分专业、分阶段定期组织 BIM 培训，加强 BIM 辅助质量虚拟样板管理及屋面等重点部位的深化设计，注重基于 BIM 技术的质量过程管理。通过对施工人员的培训和教育、工程施工实体的优化和细化、施工过程质量管理的优化和提升，增强了项目经理部全体员工的质量意识、创优意识。

（6）机电工程管线复杂，各专业交叉作业密集，深化设计要求高。

应对措施：本项目机电安装作业多，施工量大、工期紧张，按照常规施工方案几乎无法按期完工。为此项目利用 BIM 技术进行深化设计，对机电图纸开展管线综合排布、调整工作，并制定施工蓝图指导现场施工。通过 BIM 技术发现机电图纸设计问题 1138 项，缩短了图纸会审的时间、提高了审图效率，通过优化整合，提高了项目部分位置净空高度、提前了部分位置预留孔洞施工、有效降低了二次施工等不良现象，保证了施工工期。如图 7 所示。

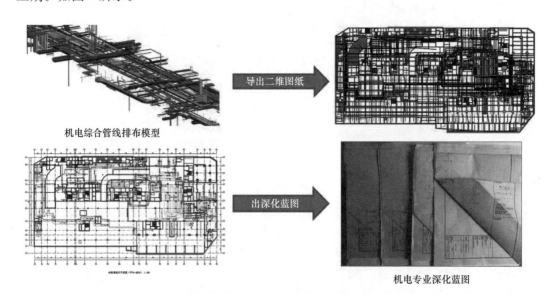

图 7　机电工程深化设计管理示意图

（7）项目包含超重钢梁、拉索幕墙、超高水幕等重点分部分项工程，深化设计要求高，方案实施难度大。如图 8 所示。

应对措施：项目部分分部分项工程工艺复杂、造型特殊、深化设计要求高。项目建立对应 BIM 模型后，结合实际施工需要进行深化设计，并利用 VR 技术进行工艺模拟，按照建模、深化、模拟、实施的步骤开展实体工程施工，如图 9 所示，确保重点位置深化设计合理、工艺流程高效、施工方案科学，使得复杂施工变得简单、高效。

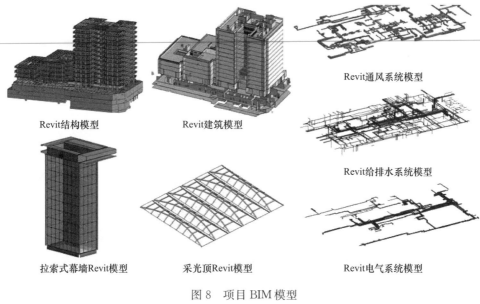

Revit结构模型　　　　　Revit建筑模型　　　　　Revit通风系统模型

Revit给排水系统模型

拉索式幕墙Revit模型　　　采光顶Revit模型　　　Revit电气系统模型

图 8　项目 BIM 模型

图 9　VR 培训基地示意图

2　BIM 实施组织策划

2.1　BIM 应用目标

为确保项目工期、提升工程品质、实现智能化管理，本工程着眼于施工阶段 BIM 技术应用。实施过程中依托 BIM 管理平台实现多专业交叉、多参与方联动过程中数据管理及协同工作。利用 BIM 软件完成土建、机电、钢结构、精装修、幕墙等专业建模及整合工作，集成建筑实体信息和施工过程中的深化设计、施工进度、资源管理等各类信息，形成包含建筑、结构和机电系统完整信息的竣工 BIM 模型。

在实施过程中，以实际问题为导向，以降本增效为抓手，以准确施工为目标，将 BIM 技术作为工具，以模型为基础开展各项应用工作。利用技术手段构建智慧建造管理平台，围绕施工过程管理，打造"智慧工地"，实现互联协同、智能生产、数据自动采集、智能分析、施工可视化管理，以提高工程信息化水平，助推绿色建造和生态建造。

针对本项目的工程特点及重难点，项目 BIM 应用目标主要包括：

（1）工程可视化

建立项目各专业三维 BIM 模型，通过 VR 等技术对施工部署、施工方案、特殊工艺进行展示和动态模拟，多方位沉浸式展示项目情境，让施工各方人员对项目产生清晰认识，提高施工管理的预测性，减少返工。

（2）设计完善化

通过 BIM 相关设计辅助软件，对设计图纸进行深化和分析，同时开展能耗、光照、紧急疏散逃生等专业模拟，提前发现设计缺陷，减少因设计问题产生的"错漏碰缺"和因策划不清导致的拆改现象。

（3）技术先进化

结合目前国内外先进的智能施工技术，基于 BIM 模型从施工阶段介入，提高施工技术水平。通过 BIM 和施工技术的有效结合，发挥 BIM 技术优势，切实解决施工难题，确保项目施工的先进性。

（4）施工精细化

通过合理利用 BIM 模型中的数据信息，提取相关工程量，辅助现场施工材料的精细化管理。同时将施工要求和具体措施落实到 BIM 模型和应用当中，辅助分析、设计、优化施工方案。

（5）管理高效化

通过 BIM 技术辅助制定总承包管理流程和各项管理计划，让项目生产、质量、安全、技术、商务等部门人员通过协同工作机制和管理平台进行沟通，更好地存留过程文件，更精确、高效的对现场进行把控，提高日常施工管理效率。

2.2 BIM 应用范围

项目 BIM 应用范围及应用内容见表 2。

BIM 应用范围及应用内容 表 2

应用阶段	序号	应用范围	应用内容
基础应用			
项目策划阶段	1	BIM 实施方案	依据各项标准编制、修订《BIM 实施方案》，包括实施策划和实施标准
	2	BIM 培训	对实施团队进行培训，各专业人员能够准确建立专业模型
	3	编制材料计划	利用 BIM 模型提取材料用量，制定材料控制量与节点，编制材料采购计划
	4	施工进度策划	建立可视化 4D 虚拟模型，动态展示项目进度，检验进度计划合理性
	5	临建 CI 标准化	对办公区、施工区等进行 CI 布置，使其符合建设标准化
施工阶段	6	碰撞检查	各专业碰撞检查、管线综合、净高检查、大型设备吊装路线等
	7	施工工艺/工序模拟	施工模拟，辅助现场管理
	8	可视化技术交底	开展可视化施工交底，辅助现场管理
	9	施工方案编制	编制施工方案，辅助现场管理

续表

应用阶段	序号	应用范围	应用内容
基础应用			
施工阶段	10	深化设计	利用 BIM 技术进行施工深化设计、出图等
	11	二次结构、砌体施工	利用模型完成二次结构的优化组合、进行施工交底、计算砌体实际用量
	12	质量、安全管理	采集现场数据，建立质量缺陷、安全风险、文明施工等数据资料，形成可追溯记录。通过模型辅助管理人员进行现场质量验收，安全管理，形成验收信息、资料及可视化记录
	13	垂直运输管理	通过建立 BIM 模型，分析大型机械配备合理性
	14	施工方案对比分析	利用 BIM 技术进行施工方案比选，选择最优施工方案
	15	施工图模型过程管理	利用工作云盘、对各专业施工图、深化设计图等进行实时动态更新管理，并及时反映设计变更洽商的图纸更新内容
	16	钢结构采购、加工及安装	利用 TEKLA 软件提出钢结构构件采购计划，对构件进行物流跟踪，进行钢结构安装、进度等管理
	17	幕墙加工及安装	制定幕墙安装方案，进行幕墙安装、进度等管理
	18	装饰加工及安装	制定装饰装修方案，进行装饰安装、进度等管理
	19	物料跟踪	结合二维码技术，对场外预制构件状态实时同步，在模型中反馈预制构件的进度及状态
	20	分包管理	分包配合进行模型整合、分包工程的进度和工程量管理等
	21	工程资料管理	采集现场质量、安全、文明施工等数据，与模型即时关联等，方便管理人员查找
	22	移动终端	利用移动终端进行现场生产、质量、安全等施工管理、可视化技术交底等
	23	物联网跟踪技术	进行钢结构、混凝土及劳务人员的管理
	24	工程结算	利用 BIM 辅助提供工作量
竣工交付阶段	25	BIM 模型维护	阶段性整合各阶段模型，接收、录入与产生相关信息，更新和维护 BIM 竣工模型
	26	辅助竣工验收	制作现场竣工图，配合竣工验收
创新与示范应用			
	1	VR 虚拟系统集成应用	开发 VR 虚拟系统，进行 VR 交互模拟、可视化培训、观摩展示、安全体验等
	2	超重钢梁施工方案对比分析	通过分析超重钢梁的吊装位置、堆放场地、现场物流交通等因素，进行超重钢梁吊装方案分析比选，确定最优吊装方案
	3	基于 BIM 技术的狭小施工场地管理	通过建立基于 BIM 技术的场地需求统计、场地功能分析、场地日常标准化管理等措施，完成了项目狭小场地管理的任务

2.3 组织机构及岗位职责

2.3.1 BIM应用组织机构

项目实施过程中没有组建专职的BIM实施团队，而是转变原有工作模式，将BIM职能融入到每个部门的管理流程中，各系统员工直接作为BIM执行落实人员，实现项目全员参与BIM工作。在建设单位、监理单位、施工单位的指导下，项目经理部成立由各专业BIM人员组成的BIM小组，负责具体实施工作，项目组织机构如图10所示。

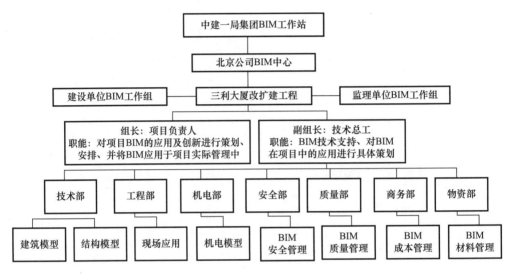

图10 项目组织机构图

2.3.2 BIM应用岗位职责及人员配备

项目BIM应用岗位职责及人员配备见表3。

BIM应用岗位职责及人员配备表 表3

序号	岗位	职责	配备人数
1	BIM中心主任	全面组织项目施工BIM应用	1人
2	BIM经理	（1）贯彻国际、国家及行业的相关标准； （2）主持BIM项目工作，制定BIM工作计划； （3）建立并管理项目BIM团队，确定人员职责与权限，并定期进行考核、评价和奖惩； （4）负责对BIM工作进度进行管理与监控； （5）组织、协调人员进行各专业BIM模型的搭建、建筑分析、二维出图等工作； （6）负责各专业的综合协调工作（阶段性管线综合控制、专业协调等）； （7）负责BIM交付成果的质量管理，包括阶段性检查及交付检查等，组织解决存在的问题	1人
3	BIM土建工程师	（1）配合项目BIM经理开展工作； （2）负责创建建筑、结构BIM模型、基于BIM模型创建二维视图、添加指定的BIM信息；	2人

序号	岗位	职责	配备人数
3	BIM 土建工程师	（3）配合项目需求，负责 BIM 可持续设计（绿色建筑设计、节能分析、室内外渲染、虚拟漫游、建筑动画、虚拟施工周期、工程量统计等）； （4）参与项目应用点的开发和使用； （5）负责 BIM 奖项申报资料的整理和收集； （6）参与项目 BIM 例会和其他活动； （7）参与项目 BIM 应用计划的编制	2 人
4	BIM 机电工程师	（1）配合项目 BIM 经理开展工作； （2）负责创建机电各系统 BIM 模型； （3）配合项目需求，负责 BIM 可持续设计； （4）参与项目应用点的开发和使用； （5）负责 BIM 奖项申报资料的整理和收集； （6）参与项目 BIM 例会和其他活动； （7）参与项目 BIM 应用计划的编制； （8）参与编制项目 BIM 实施方案	3 人
5	BIM 系统管理员	（1）负责组织现场 VR 技术实施应用； （2）对构件资源数据进行结构化整理并导入构件库，并保证数据的良好检索能力； （3）负责对构件资源数据及项目交付数据进行标准化审核，并提交审核情况报告； （4）负责 BIM 应用系统、数据协同及存储系统、构件库管理系统的日常维护、备份等工作	1 人

2.4 软硬件配备

2.4.1 软件配备

项目 BIM 实施软件配备情况见表 4。

软件配备表　　　　　　　　　　　　　　　　　　　　　　　　表 4

序号	软件名称	版本	单机/协同	软件用途
1	Revit	2016	单机	二、三维制图
2	BIM 5D 平台	2016	协同	施工进度模拟
3	Navisworks	2016	单机	施工模拟、漫游
4	Fuzor	2016	单机	虚拟现实、渲染动画制
5	lumion	6.0	单机	场景渲染
6	BIM 三维场布	2015	单机	场地布置
7	质量安全移动 APP	2015	协同	现场质量安全问题
8	地厚云图管理平台	2015	协同	资料无纸化办公，全过程项目管理数据智能化
9	TEKLA	2016	单机	钢结构详图设计

2.4.2 硬件配备

项目 BIM 实施硬件配备情况见表 5。

硬件配备表

表5

序号	设备名称	型号	数量	配置	用途
1	CPU	主频 3.5GHz	4	内核 4 核心 8 线程	处理指令、执行操作、控制时间、处理数据
2	显卡	AMD Radeon(TM)R9	4	M360（2GB 显存）	控制电脑的图形输出
3	移动端	10.1英寸	4		图像输出
4	VR 眼镜	DPVR P1 PRO	2	4K 全景视频 5GVR 直播	视觉体验
5	移动硬盘	东芝	4	1TB	储存

2.5 项目 BIM 应用流程及管理制度

2.5.1 BIM 应用流程

项目策划阶段，制定项目 BIM 应用目标、确立整体应用流程、确定项目应用内容、总体实施顺序、建筑信息模型数据信息管理方法，根据项目进度输出相关数据指导现场施工。

项目 BIM 应用整体流程图设计如下：

（1）明确项目 BIM 应用内容

根据项目承包模式，确定本项目 BIM 应用涉及的施工时段，根据 BIM 应用目标明确项目 BIM 应用各阶段的主要内容。

（2）明确项目 BIM 应用主线

项目 BIM 应用主线为项目建设进度时间轴线，将项目 BIM 应用所有内容放置在进度时间轴对应阶段内并明确应用顺序。应用内容根据项目具体施工进度安排进行实施，根据具体进度及生产安排实时调整应用顺序。

（3）明确各阶段 BIM 应用数据输入及输出

BIM 信息随项目进展过程不断搭载，各阶段数据来源需前置处理且其准确性及有效性将直接影响应用成果，各阶段 BIM 应用数据的准确无损输入及输出极为重要。

项目 BIM 应用整体流程图如图 11 所示。

2.5.2 BIM 应用管理制度

（1）模型审核制度

BIM 模型审核是确保最终模型准确性的重要手段。审核模型的主要目的是保证模型与设计图纸、现场施工一致。

1）模型自查

土建工程师建立好轴网标高，与其他专业共用，各专业在各自的专业图纸上通过共享轴网标高建立专业 BIM 模型。模型建好后，整合交付前应对照图纸进行模型与图纸的校对自查。

2）模型会审

会审单位：各专业 BIM 模型按照施工图纸建立并完成自查后，由 BIM 经理牵头组织参建各方进行阶段性的模型会审。

会审流程：会审主要为了解决专业自身和专业之间存在的各种矛盾及配合问题，会审

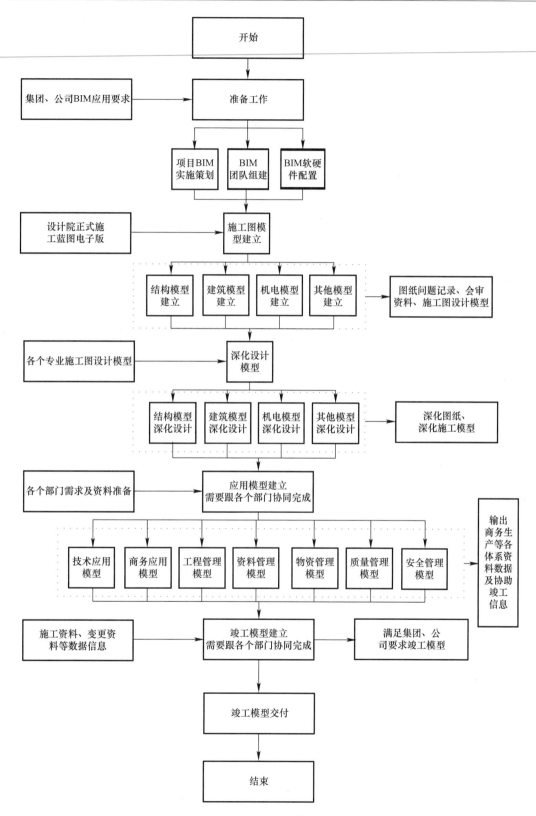

图 11 BIM 应用整体流程图

结束后形成会审记录表，并在规定时间内完成整改，所有资料签字确认后进行归档管理。在会审之前，项目各专业 BIM 应用人员对模型情况进行说明，会审时，各参建方对各专业 BIM 模型进行整合、检查、生成碰撞检查报告，会审之后相关单位对模型进行修改调整，直至生成零碰撞的碰撞报告后方能通过审核。

审查内容：根据项目完成的模型，核查模型所需要信息是否全面，并检查相应的资料是否完整。

（2）质量保障制度

项目明确了 BIM 应用的总体质量控制方法，确保每个阶段信息交换前的模型质量，在 BIM 应用流程中加入模型质量控制的判定节点。每个 BIM 模型在创建之前，预先计划模型创建的内容和细度、模型文件格式，以及模型更新的责任方和模型分发的范围。项目经理作为 BIM 应用的负责人，在质量控制过程中起到协调控制的作用，参与所有主要 BIM 协调和质量控制活动，负责解决可能出现的问题，保持模型数据的及时更新、准确和完整。伴随深化设计评审、协调会议和里程碑节点，都要进行 BIM 应用的质量控制活动。在 BIM 策划中明确了质量控制的标准，并在项目参建方内达成一致。深入跟踪质量控制过程中发现的问题，深入跟踪，并应进一步研究和预防再次发生。

（3）会议管理制度

① 会议目的：BIM 实施情况的及时沟通，保证各部门及各参与方之间能够有效协同开展工作；

② 会议主持与记录：例会由项目总工牵头召集，形成会议记录签字后发放。

③ 参会人员：各业务部门负责人员、项目 BIM 团队成员、各专业负责人、施工过程中涉及的其他 BIM 相关人员。

④ 召开时间：每周组织 BIM 会议，必要时组织专业协调会议或重要问题的专题会议。根据项目应用情况，需要时可随时召开 BIM 会议。

⑤ 会议内容：各部门及各专业 BIM 工作情况汇报；目前需要协调解决的问题；提醒各业务部门的工作内容，并对是否存在工期和成本影响做出预警；研究并制定下一阶段的工作计划；解决各专业间 BIM 工作协调问题。

会议均需形成且签发会议纪要，并归档管理，纪要内容包含：会议时间、会议议题、主持人、记录员、与会人员、会议详细内容、形成结果等。

（4）培训管理制度

项目管理团队需在进场前进行 BIM 应用基础培训，掌握一定的软件操作及相应的模型应用能力。项目在整体实施过程中，建立健全 BIM 培训制度，规定参与培训人员、培训内容及培训频次。

（5）考核管理制度

项目经理按照企业建筑信息模型（BIM）技术研究与应用考核评价实施细则的相关内容及标准，按月牵头组织项目部对应用情况自查并填写《BIM 技术项目检查表》，汇集成果并形成自查报告。对每次考核检查中存在的问题，制定改进措施，并进行检查复核。

3　创新与示范应用

3.1　VR虚拟系统集成应用

3.1.1　应用内容

本项目为高端写字楼，施工过程及工程实体装修标准、要求较高。为确保施工过程顺利进行，各参建方要求紧跟现代化，与市场更好地结合，在施工过程中广泛使用最新虚拟现实技术。项目通过BIM软件和编程研发完成了一套VR虚拟系统，给管理人员展示出一种身临其境的场景，使其提前感受实际效果。主要通过VR交互模拟、VR可视化培训、VR观摩展示、VR安全体验四种方式来重点加强VR技术在施工过程中的应用。

（1）VR交互模拟

现阶段VR技术在工程建设中主要应用于装饰装修漫游，场地漫游等展示类体验，在市场推广、营销策划的方面均展现出强有力的市场反响。然而在漫游模拟中发现，庞大信息的录入仅仅用于市场推广并不能达到物尽其用的效果。若是将材料信息的整合与实际安装工艺结合，则可将BIM＋VR技术落地效果发挥到极致，才能真正实现指导现场施工。

项目针对常规的施工工艺，将每步的操作要点脚本进行重新编排，与VR交互模拟器连接，经过反复彩排演练，锁定施工工艺的正确施工工序，最终将完整的工艺流程通过VR交互技术进行模拟展示。如图12所示。

图12　安装工艺交互模拟（拉索式幕墙）

在VR项目体验中，使用者通过左右控制器的功能按钮可实现角色的左右、上下、前后移动；由控制器程序驱动引发的抛物线形式的瞬间移动。在交互方面，用户通过控制器引发的射线可以实现UI面板模式的选择、功能面板的切换、物体的拾取；也可通过控制器的碰撞属性实现电梯升降的触发、玻璃的安装等。如图13所示。

通过VR交互模拟技术的实践与探索，发现相较于传统视频播放工艺模拟，VR交互能

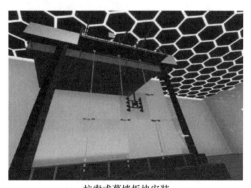

拉索式幕墙板块安装

图13　VR应用示意图

更好的展示出工艺的操作要点，并且该项技术视觉性、实操性较强，易于给受培训者产生较强的记忆触动，增强培训效果。

（2）建筑 VR 工艺可视化培训基地

由于施工现场存在部分相同施工工艺，如钢筋绑扎、模板安装等，项目部可根据自身需求建立 VR 可视化工艺培训基地，将通用工艺做法进行整合利用，并将特殊复杂工艺加入培训库，实现资源利用的最大化。如图 14 所示。

图 14　VR 可视化培训基地

VR 可视化培训基地按施工工艺可分为：土建常规工艺、机电安装工艺、复杂施工工艺三个教学库，其中土建常规工艺及机电安装工艺可以作为基础教学，各项目之间共享，复杂施工工艺库则针对各项目情况二次定制，确保满足专业技术人员培训需求。

可视化培训基地管理机制包括培训、考核、培训数据分析。受训人员首先经过 VR 设备操作培训进行专业技能交互交底，学习过程中施工工序按顺序教学，每道工序完成后才能进行下一道工序的学习。学习完成后，系统会公布各道工序的学习时间，以便受训者通过学习时间长短了解其中重要工序，进行复习。如图 15 所示。

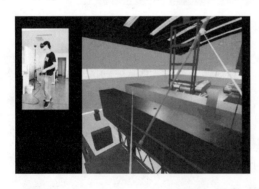

图 15　安装工艺技能测试

在作业人员交互学习之后，可申请技能考核。技能考核程序增加计时系统，作业人员在规定时间完成全部工序，视为考试通过，可以上岗施工。反之则需继续学习直至通过技能测试，并且未通过考核人员可观看流程视频进行有针对性的二次学习。

3.1.2 实施流程

VR 工艺模拟实施流程如图 16 所示。

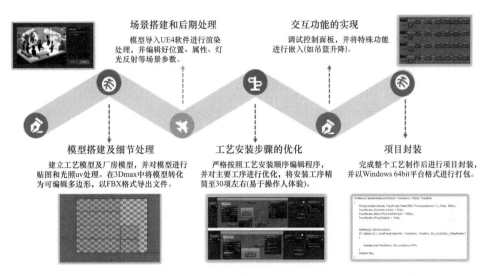

图 16　VR 工艺模拟实施流程

VR 观摩工地实施流程如图 17 所示。

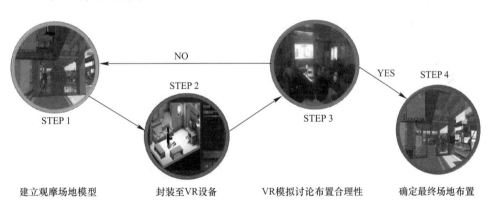

图 17　VR 观摩工地实施流程

3.1.3 应用小结

（1）实施经验教训

通过反复对 VR 工艺培训库进行实操培训，得出以下几个方面优缺点及经验教训：

实操者掌握技能知识更为牢固，实际安装质量效果良好。技能测试可记录实操者学习情况，并严格筛选合格者。模拟训练针对性较强，可对受训者"因材施教"，可有效杜绝实体培训易发生的安全隐患。标准工艺流程经过优化后可普遍适用，节省公司运营成本。培训库系统模块化，可根据项目需求定制，资源整合自由度高。

VR工艺培训基地的实施，使施工现场技术交底效果更为显著，部分操作人员掌握专业操作技能的时间大幅缩减，使BIM技术工艺模拟更深层次落地，对提高施工质量，节省项目成本起到了关键作用。虚拟VR工艺培训基地的建立将优秀施工工艺进行广泛传播，获得参建各方及政府部门的关注，并起到了良好的市场推广效果。但是对开发人员要求较高，需熟练应用软件且十分了解施工工艺。开发过程较长，需对施工工艺重点环节反复尝试最佳模拟方式。VR交互硬件成本较高，需考虑设备磨损成本。

（2）经济效益分析

1）管理效益：

经过近2年的BIM实施应用，三利大厦改扩建项目培养了一支优秀的BIM管理团队，提升了服务质量，提高了公司品牌知名度，成为公司BIM技术及新科技应用的名片，并为企业拓展市场提供相应筹码，为公司拓展了多家合作伙伴。

2）社会效益及其他效益：

2017年6月16日，住建部、北京市住建委联合开展的全国建设系统安全生产宣传咨询日活动在中建一局三利大厦改扩建项目举行。通过BIM＋VR技术手段实现观摩虚拟化，住建部、北京市等领导出席活动并对项目BIM技术应用给予高度评价。

2017年7月15日，北京市住建委组织各省份在校大学生对项目进行观摩学习，将BIM技术的前沿科技传播至校园，起到了良好的推广效果，提高了项目及企业的社会形象。

3.2 超重钢梁吊装施工方案对比分析

3.2.1 应用内容

三利大厦项目低塔区域庭院三层顶结构设计复杂，项目施工至结构一层时，三层设计变更出现超重钢梁。钢梁最大重量为23.20t，需吊装的最大标高为15.35m，安装位置距离吊点的最大水平距离为38.5m，如图18所示。吊点距离结构边缘较近，吊装最大钢梁

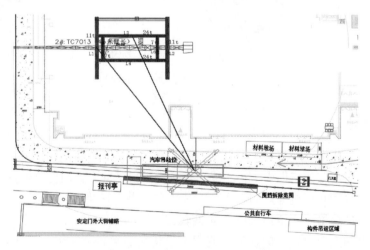

图18　构件安装及吊点位置关系图

需要的吊车最小臂长为 58m，最小吊装高度为 49m。项目从经济和安全角度出发，在钢梁吊装前使用 BIM 技术、结合现场情况拟定了不同的吊装方案，根据模型进行施工模拟和方案分析比选。

3.2.2　分析过程

超重钢梁吊装施工方案对比分析内容见表 6。

超重钢梁吊装施工方案对比分析　　　　　　　　　　　　　　　　表 6

序号	分析因素	通过 BIM 模拟对比分析情况	
		方案 1	方案 2
1	实施效果		
2	吊装位置	场地东侧	地坛西门
3	构件堆放	通过 BIM 模拟，构件需堆放到安定门外大街人行道旁，需要沟通协调	通过 BIM 模拟，构件需堆放到地坛公园内部，需要沟通协调
4	构件吊装	通过 BIM 深化和分析，场内吊装位置安装位置距离约 30m，钢梁可一次性吊装到位	装距前通过 BIM 深化和分析，装距离约 130m，钢梁需进行拆分，分多次吊装
5	施工安排	吊装时间短，塔吊停运约 2 天	吊装时间长，塔吊停运约 4 天
6	场地配合	通过 BIM 可视化分析，西侧、东侧部分围挡拆除地下室部分区域顶板回顶	通过 BIM 可视化分析，无需拆除现场临设，无需回顶加固
7	交通组织	通过 BIM 可视化分析，作业时间场内道路需要封闭，无法使用	通过 BIM 可视化分析，作业时间场内道路影响较小，但地坛西门及辅路需部分封闭
8	行驶路线	通过 BIM 模拟，汽车吊南侧大门进入场区，延东侧道路进入吊装区域	通过 BIM 模拟，汽车吊由安定门外大街辅路进入地坛西门内吊装位置
9	安全文明	需要对安定门人行道进行防护	需对地坛内文物进行保护措施
分析结论		方案 1 会对现场施工造成一定影响，围挡需要拆除，人行道需要防护，会产生一定的拆改费用，但不占用地坛公园场地，构件吊装一次成活，沟通协调难度、施工风险相对较低。 　　方案 2 对现场施工场地影响较小，工地内各项工作开展不受影响，能够保证现场各项工作正常开展，但吊装位置较远，需占用地坛公园场地，对现有文物进行高质量保护，具有一定的风险。 　　综合考虑两个方案，尽管方案 1 产生的费用可能相对较高，但施工风险相对较低，对场外影响较小，最终选择方案 1 进行施工，取得了良好效果。		

3.2.3　应用小结

项目利用 BIM 技术进行施工方案对比，通过对可行性、安全性、科学性等方面进行分析，项目选择了更加合理的施工方案，相较于传统方案设计工作，提高了工程施工效率、方便了信息交流、缩短了施工工期、保障了施工安全、达到了降本增效的目的，从技术层面确保了项目顺利实施。

3.3　基于 BIM 技术的狭小施工场地管理

3.3.1　应用内容

现场场地条件极为狭小，无材料加工、堆放等场地。大宗材料运输困难（每天仅为 6 小时：00：00～06：00）。每晚大量的钢筋、模板、木枋及架料等需要吊运。其中东侧场地外一墙之隔为商务部研究院，无道路可通行，并且由于基坑支护与红线较近，无法设置道路。南侧红线内仅有南侧部分区域可以利用，但场外为住宅小区，需避免扰民及扬尘，做好环保措施。西侧场外东侧为安定门外大街，为市内主干道路，日车流量较大，经常造成交通拥堵。北侧为国家历史文物保护单位—地坛公园，项目需对该侧围墙进行保护，无法进行场地利用。根据具体情况特制定了详细的 BIM 辅助场地管理策划和实施的流程及应用分析方案。如图 19 所示。

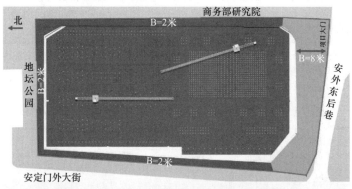

图 19　项目基坑实景及周边情况示意图

垂直运输管理需要在项目模型创建之后，结合项目结构形式、建筑特点，在虚拟 BIM 场地模型基础上，对现场周边情况进行分析，确定影响塔吊平面布置的主要因素，见表 7，综合各类因素在模型中建立塔吊工作空间集合，确定各个方位塔吊运行的临界范围。

影响塔吊布设主要因素　　　　　　　　　　　　　　　　表 7

序号	障碍区特点	限制条件	影响程度
1	商务部建筑	建筑可能在塔吊范围内	严重
2	南侧高层建筑	塔吊自由高度范围内该建筑物为主要障碍	较严重
3	北侧地坛公园	国家级重点文物保护单位	严重
4	西侧高压线及人行道	路边高压线较多，人行道行人较多	严重
5	基坑坡道位置	坡道较长，对塔吊布置有一定影响	一般

在项目 BIM 模型的基础上，分析项目建筑、结构特点，对项目实体进行分区分段管理，确保项目实施的可行性。通过对结构形式进行细致审查，分析出对塔吊最大吊重起决定作用的是部分钢构件。钢柱主要分布在塔楼的四周，钢梁将钢柱与核心筒结构进行连接。通过对钢柱分节管理，综合考虑施工工艺、安全、经济等因素，确定各个位置钢柱分节重量、规格。如图 20 所示。

图 20　BIM 模型辅助项目构件分析图

因项目场地狭小，为充分利用各个位置空间，结合项目结构施工阶段场地的特点，在考虑结构及外形特点的基础上，在 BIM 模型中进行平面布置。通过对塔吊工作空间、塔吊对最重构件的吊装能力、塔吊与结构和基坑的位置关系、塔吊与施工段划分关系等因素进行分析，综合确定经济合理的塔吊规格及位置，满足项目材料垂直及平面运输要求。

在水平管理中，利用 BIM 模型辅助提取项目实体工程量、结合方案提取措施工程量，根据项目进度计划分析各个阶段现场材料类型及数量。按照不同阶段 BIM 模型对应的材料类型和规格，依据现场实际场地条件，分析不同阶段各类材料的水平运输方式、进场路线、可堆放位置。同时通过 BIM 模型协助水平运输路线设计。与之配合的场地资源分析及水平物流运输设计具体见表 8～表 11。

地下结构施工阶段场地资源分析 表8

阶段	主要施工内容	主要分包单位	班组人员配备		大型设备资源占用		协同物资资源占用		主要物品资源占用		备注
					类型	属性	类型	属性	类型	属性	
T2 地下结构阶段 (2016.8-2016.12)	地下结构施工机电预留预埋	总包	管理人员	39	塔吊2台	长期	办公区	长期	CI设施	长期	5C1
							试验室1间	长期	保安厅	长期	
							配电室	长期	大巴车3辆	长期	
							二级箱	长期	垃圾存放处	长期	
		主体劳务	混凝土班组	30	车载泵2台	短期	劳务库房	短期	工具箱2个	短期	ED3
					布料机2台	短期	混凝土罐车数台				
			钢筋班	95	/	/	成品钢筋堆放	阶段	工具箱4个	阶段	
			木工班	125	/	/	模板	阶段	工具箱8个	阶段	S12
							木方	阶段			
							穿墙螺杆	阶段			
							碗口架	阶段			
							U托	阶段			
			架子班	15	/	/	钢管架	阶段	工具箱1个	阶段	S11
							扣件	阶段			
							密目网	阶段			
							大眼网	阶段			
							木跳板	阶段			
			其他	15	/	/		/	库房1个	长期	SC2
		人防门安装	安装班	8	/	/	门框堆放场地	短期	/	短期	ZD1
		钢结构	吊装班	8	/	/	钢构件	短期	库房1个	短期	ZD2
									气瓶存放处1个	短期	
		机电预埋	水电班	20	/	/	线管原材	阶段	库房1个	阶段	S12
							机电加工区	阶段			
		防水分包	防水班	12	/	/	防水卷材	短期	施工工具	短期	ZD3/4
							冷底子油	短期			

长期 ▓▓▓ 阶段 ▒▒▒ 短期 ░░░

地上结构施工阶段场地资源分析 表9

阶段	主要施工内容	主要分包单位	班组人员配备		大型设备资源占用		协同物资资源占用		主要物品资源占用		备注
					类型	属性	类型	属性	类型	属性	
T2 主体结构阶段 (2017.2-2017.9)	主体结构施工机电预留预埋幕墙预埋件	总包	管理人员	39	塔吊2台	长期	办公区	长期	CI设施、安全通道	长期	SC1
							试验室1间	长期	保安厅	长期	
							配电室	长期	大巴车3辆	长期	
							二级箱	长期	分类垃圾房	长期	
							分包办公室	长期	总包库房	长期	
							质量样板区	长期	BIM展示区	长期	
							安全体验区	长期	VR体验馆	长期	
		主体劳务	混凝土班组	30	车载泵2台	长期	劳务库房	长期	工具箱2个	长期	WC1
					布料机2台	长期	混凝土罐车数台				
			钢筋班	95	钢筋加工区	长期	成品钢筋堆放	长期	工具箱4个	长期	WC1-3/E11
			木工班	125	木工棚	阶段	模板	阶段	工具箱8个	阶段	E13-4、N11-2
							木方	阶段			
							碗口架	阶段			
							U托	阶段			

续表

阶段	主要施工内容	主要分包单位	班组人员配备	大型设备资源占用		协同物资资源占用		主要物品资源占用		备注
				类型	属性	类型	属性	类型	属性	
T2主体结构阶段（2017.2-2017.9）	主体结构施工机电预留预埋幕墙预埋件	主体劳务	架子班 20	/	短期	钢管架1	短期	工具箱1个	短期	WD1-6
						扣件1	短期			
					阶段	钢管架2	阶段	工具箱1个	阶段	E12、E15、N13
						扣件2	阶段			
						密目网	阶段			
						大眼网	阶段			
						工字钢	阶段			
						钢板网	阶段			
						木跳板	阶段			
		其他 15		/	/	/	/	库房1个	长期/阶段	SC2/S13-6/ZD1-2
		钢结构	吊装班 8	/	阶段	钢构件	阶段	库房1个	长期	Z11、Z12、E16
								气瓶存放处1个	长期	
		机电预埋	水电班 20	/	阶段	线管原材	阶段	库房1个	阶段	N14-5
						机电加工区	阶段			

长期　■■■　阶段　■■■　短期　■■■

项目构件分析类型

表10

序号	构件类型	构件名称	构件规格下线	数据来源
1	结构工程	钢结构构件（梁、柱）	3m	BIM模型
		钢筋原材、成品	3m	原材规格
2	幕墙工程	龙骨	3m	BIM模型
		单元幕墙	2m	BIM模型
		石材面板	1m	BIM模型
3	门窗工程	防护门、防火门等	1m	BIM模型
		各类窗构件	0.9m	BIM模型
4	机电工程	管道、风管、桥架	2m	BIM模型
		机电设备	3m	BIM模型
5	措施性材料	模板、木方	2m	BIM模型
		脚手架、扣件	2m	原材规格
6	临时设施	办公室、门卫房、试验室、库房	2m²	BIM模型
		钢筋加工棚、木工加工棚、机电加工区	9m²	BIM模型
		消防设施	2m²	BIM模型
		拟需要材料堆场	2m²	BIM模型
7	机械设备	塔吊、施工电梯、吊篮、洒水车、布料机、混凝土地泵、汽车吊	3m²	设备规格
		混凝土运输车、钢筋运输车、自运汽车	6m²	车辆规格

物资水平运输情况分析

中国建筑一局（集团）有限公司

表11

物资运输信息表

分类	名称	运输车种类 长(m)	宽(m)	高(m)	车容量(m³)	材料规格 长(m)	宽(m)	高(m)	单件体积 m³	单件重量 kg	常规组车单元件 包含数量(个/件)	每车可载物资数量信息 单元件数	总个数	总重量(t)	体积(m³)	备注
架料	钢管	6.8	2.3	2.7	42.2					20	1100	1	1100	22		
	扣件	2.3	2.7	2.7	42.2					1	30	700	21000	21		
	U托	2.3	2.7	2.7	42.2					5	4000	1	4000	20		每垛：1*1*0.5m
	碗扣	2.3	2.7	2.7	42.2					6	3400	1	3400	20.4		200m/t
木料	模板	9.6	2.3	2.7	59.6	1.83	0.915	0.012	0.0201		90	20	1800		36.17	
	模板	9.6	2.3	2.7	59.6	1.22	2.44	0.012	0.0357		100	20	2000		71.44	
	木方	12	2.3	2.5	69.0	3	0.04	0.09	0.0108		228	20	4500		49.25	每垛：12*19（个）
	木方	12	2.3	2.5	69.0	3	0.09	0.09	0.0243		90	20	1920		46.66	每垛：12*8（个）
	木方	9.6	2.3	2.7	59.6	3	0.04	0.09	0.0108		216	12	2592		27.99	每垛：12*18（个）
	木方	9.6	2.3	2.7	59.6	3	0.09	0.09	0.0243		96	12	1152		27.99	每垛：12*8（个）
	木方	6.8	2.3	2.7	42.2	3	0.04	0.09	0.0108		252	8	2016		21.77	每垛：12*21（个）
	木方	6.8	2.3	2.7	42.2	3	0.09	0.09	0.0243		96	8	768		18.66	每垛：12*6（个）
	跳板	6.8	2.3	2.7	42.2	4	0.2	0.05	0.0400							
砌块	连锁	8.6	2.3	2.7	53.4	0.4	0.14	0.195	0.0109		126	14	1764			垛：1.2*1.2*1.2、1.4m，126块
	连锁	13	2.3	2.5	74.8	0.4	0.14	0.195	0.0109		126	20	2520			垛：1.2*1.2*1.2、1.4m，126块
幕墙	平板	6.8	2.3	2.7	42.2	4.35	1.5	1.5			4	1	4			一架4块
	平板	13	2.3	2.5	74.8	4.35	1.5	1.5			4	3	12			一架4块
	石肋	6.8	2.3	2.7	42.2	4.35	1.5	1.5			3	1	2			一架2块
	石肋	13	2.3	2.5	74.8	4.35	1.5	1.5			2	3	6			一架2块

分类	名称	运输车种类 长(m)	宽(m)	高(m)	车容量(m³)	材料规格 长(m)	直径(m)	截面(m²)	单件体积 m³	单件重量 kg	常规组车单元件 包含数量(个/件)	每车可载物资数量信息 单元件数	总个数	总重量(t)	体积(m³)	备注
钢筋	螺纹钢	12	2.3	2.5	69.0	12	12	0.011304	0.1356	10.6618	300	13	3900	41.580864		每车13件、41吨
	螺纹钢	12	2.3	2.5	69.0	12	20	0.0314	0.3768	29.616	106	13	1378	40.810848		每车13件、41吨
	螺纹钢	12	2.3	2.5	69.0	12	28	0.061544	0.7385	58.0474	54	13	702	40.749247		每车13件、41吨
	盘螺	12	2.3	2.5	69.0	3600	10	0.00785	28.260	2221.2	1	18	18	39.9816		每车18件、40吨

在场地划分及应用分析中，结合各个阶段项目施工的特点，划分为基础施工、地下结构施工、地上结构施工、装饰装修施工四个施工阶段。因项目场地较为狭小，针对各个阶段可用场地及材料堆运要求，在 BIM 场布模型中对不同功能的场地进行统一部署。根据使用需求将场地主要划分为长期性占用场地（C）、阶段性占用场地（J）、短期性占用场地（D）三种类型。长期性占用场地为开工至竣工有较长时间占用的场地，如项目现场临建、施工道路等；阶段性占用场地是在某些主要施工阶段占用时间较久的场地，如结构施工阶段的钢筋加工棚、钢结构堆场等；短期性占用场地是现场利用时间最短、最灵活的场地，如部分周转材料、装饰材料等临时堆场等。各阶段场地划分具体如图 21 所示。

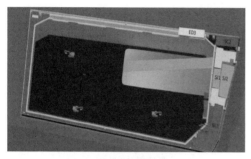
基础施工阶段
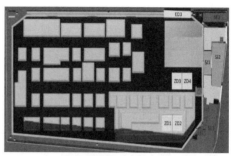
地下结构施工阶段
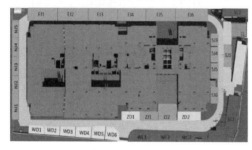
主体结构施工阶段
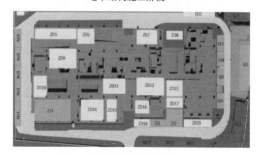
装饰装修施工阶段

图 21　各阶段场地分布模型示意图

对施工现场可用场地进行划分后，结合实际需要制定场地应用分析表，确定相关场地的具体规格及应用时段，按照现场东侧（E）、西侧（W）、南侧（S）、北侧（N）、中部（Z）场地进行划分，具体见表 12～表 16。

现场东侧场地应用分析表　　　　　　　　表 12

序号	场地属性	场地明细	具体情况						
		场地名称	EJ1	EJ2	EJ3	EJ4	EJ5	EJ6	EJ1
		场地类型	阶段性	阶段性	阶段性	阶段性	阶段性	阶段性	短期性
1	场地规格	MAX 长度（m）	10	10	10	10	10	12	10
		MAX 宽度（m）	5	5	5	5	5	5	5
		面积（m²）	50	50	50	50	50	50	50
2	应用阶段	基础结构施工阶段 2016.8～2016.9							√
		地下主体结构施工阶段 2016.9～2016.12							√
		地上主体结构施工阶段 2017.1～2017.9	√	√	√	√	√	√	
		装饰装修施工阶段 2017.10～2018.5							√

现场西侧场地应用分析表 表 13

序号	场地属性	场地明细	具体情况								
		场地名称	WC1	WC2	WC3	WD1	WD2	WD3	WD4	WD5	WD6
		场地类型	长期性	长期性	长期性	短期性	短期性	短期性	短期性	短期性	短期性
1	场地规格	MAX 长度（m）	9	8	6	6	7	7	7	6	5
		MAX 宽度（m）	5	4	4	3	3	4	5	5	5
		面积（m²）	40	39	20	15	20	25	30	28	20
2	应用阶段	基础结构施工阶段 2016.8～2016.9	√	√	√						
		地下主体结构施工阶段 2016.9～2016.12	√	√	√						
		地上主体结构施工阶段 2017.1～2017.9	√	√	√						
		装饰装修施工阶段 2017.10～2018.5	√	√	√	√	√	√	√	√	√

现场南侧场地应用分析表 表 14

序号	场地属性	场地明细	具体情况							
		场地名称	SC1	SC2	SJ1	SL2	SL3	SL4	SL5	SL6
		场地类型	长期性	长期性	阶段性	阶段性	阶段性	阶段性	阶段性	阶段性
1	场地规格	MAX 长度（m）	18	10	12	15	9	10	10	12
		MAX 宽度（m）	8	5	3	5	3	3	3	3
		面积（m²）	150	50	36	60	60	60	60	60
2	应用阶段	基础结构施工阶段 2016.8～2016.9	√	√	√	√	√	√	√	√
		地下主体结构施工阶段 2016.9～2016.12		√	√	√	√	√	√	√
		地上主体结构施工阶段 2017.1～2017.9	√	√	√					
		装饰装修施工阶段 2017.10～2018.5	√	√		√	√	√	√	√

现场北侧场地应用分析表 表 15

序号	场地属性	场地明细	具体情况				
		场地名称	NJ1	NJ2	NJ3	NJ4	NJ5
		场地类型	阶段性	阶段性	阶段性	阶段性	阶段性
1	场地规格	MAX 长度（m）	8	7	6	6	6
		MAX 宽度（m）	3	3	3	3	3
		面积（m²）	24	21	18	18	18
2	应用阶段	基础结构施工阶段 2016.8-2016.9					
		地下主体结构施工阶段 2016.9-2016.12					
		地上主体结构施工阶段 2017.1-2017.9	√	√	√	√	√
		装饰装修施工阶段 2017.10-2018.5	√	√	√	√	√

现场中部场地应用分析表   表16

序号	场地属性	场地明细	具体情况									
		场地名称	ZJ1	ZL2	ZL3	ZD1	...	ZD4	ZD5	...	WD18	WD19
1	场地规格	场地类型	阶段性	阶段性	阶段性	短期性	...	短期性	短期性	...	短期性	短期性
		MAX长度（m）	7	8	8	5	...	5	18	...	7	10
		MAX宽度（m）	3	8	8	5	...	5	4	...	3	3
		面积（m²）	21	60	60	25	...	25	72	...	21	28
2	应用阶段	基础结构施工阶段 2016.8-2016.9				√	...	√				
		地下主体结构施工阶段 2016.9-2016.12					...					
		地上主体结构施工阶段 2017.1-2017.9	√	√			...				√	√
		装饰装修施工阶段 2017.10-2018.5	√	√	√		...	√			√	√

BIM技术辅助场地管理执行。施工场地规划是施工场地管理的基础，场地管理是一个动态过程，不同阶段有不同的管理重点。为了保证场地管理的持续性和及时性，施工阶段的场地管理以每周为一个周期进行管理，装修施工阶段以一天为一个周期进行管理。

项目场地使用申请书（周）（分包申报）   表17

分包单位：＊＊＊＊＊幕墙

施工阶段	主要用途	场地编号	场地类型	占用场地材料（2017.5.7～2017.5.13）						
				2017.5.7	2017.5.8	2017.5.9	2017.5.10	2017.5.11	2017.5.12	2017.5.13
主体结构施工阶段	幕墙埋件堆放及加工	ZD1	临时							
		ZD1	临时							
		ZD1	临时	构件堆放	构件堆放	构件堆放	构件堆放			
		ZD1	临时					构件加工	构件加工	构件加工
		ZD1	临时							
		ZD1	临时							
		ZD1	临时							

以结构施工阶段为例，根据项目施工总控计划制定各施工阶段的进度计划，每周结合项目施工进度编制每周控制计划。项目各分包以周为单位，制定实施范围的拟定场地使用申请书，见表17。项目部在整合分包提供的周围场地使用申请后，综合考虑现场施工关键线路、施工工序等内容，统筹协调制定出项目场地使用分配表，见表8，及如图22、图23所示的周施工场地BIM管理模型。

表18

项目场地应用分配表（周）（总包发布）

占用场地材料（2017.5.7～2017.5.13）

施工阶段	地块编号	2017.5.7	分包/分供	2017.5.8	分包/分供	2017.5.9	分包/分供	2017.5.10	分包/分供	2017.5.11	分包/分供	2017.5.12	分包/分供	2017.5.13	分包/分供
主体结构施工阶段	SJ3	钢构件	G1	钢构件	G1	钢构件	G1	钢构件	G1	钢构件	G1	钢构件	G1	钢构件	G1
	SJ4	钢构件	G2	钢构件	G2	钢管	B3	钢管	B3	钢构件	G2	钢构件	G2	钢构件	G2
	EJ3	方柱模板	B2	方柱模板	B2	钢管	B3	钢管	B3	模板	L1	模板	B2	模板	B2
	NJ2	柱箍	B2	柱箍	B2	柱箍	B2	柱箍	B2	标准化栏杆	B4	标准化栏杆	B4	标准化栏杆	B4
	SJ5	钢构件	G2	钢构件	G2	方钢管	B2	方钢管	B2	钢构件	G2	钢构件	G2	钢构件	G2
	SJ6	钢构件	G1	钢构件	G1	方钢管	B2	方钢管	B2	钢构件	G1	钢构件	G1	模板	G1
	ZD1	幕墙埋件	M1	幕墙埋件	M2	钢板网片	B1	钢板网片	B1	标准化栏杆	B4	标准化栏杆	B4	标准化栏杆	B4
	WC2	钢筋原材	B1	钢筋原材	B1	钢筋原材	B1	钢筋原材	B1	钢筋原材	B1	钢筋原材	B1	钢筋原材	B1
	WC1	钢筋加工区	B1	钢筋加工区	B1	钢筋加工区	B1	钢筋加工区	B1	钢筋加工区	B1	钢筋加工区	B1	钢筋加工区	B1
	WC3	钢筋成品	B1	钢筋成品	B1	钢筋成品	B1	钢筋成品	B1	钢筋成品	B1	钢筋成品	B1	钢筋成品	B1
	EJ1	钢筋成品	B1	钢筋成品	B1	钢筋成品	B1	钢筋成品	B1	钢筋成品	B1	钢筋成品	B1	钢筋成品	B1
	NJ4	线管原材	J1	线管原材	J1	线管原材	J1	线管原材	J1	线管原材	J1	线管原材	J1	线管原材	J1
	NJ5	线管原材	J2	线管原材	J2	线管原材	J2	线管原材	J2	线管原材	J2	线管原材	J2	线管原材	J2
	WD1	工字钢	B3	工字钢	B3	工字钢	B3	工字钢	B3	工字钢	B3	工字钢	B3	工字钢	B3
	WD4	木跳板	B3	木跳板	B3	木跳板	B3	木跳板	B3	木跳板	B3	木跳板	B3	木跳板	B3
	EJ2	钢板网片	B3	钢板网片	B3	钢板网片	B3	钢板网片	B3	钢板网片	B3	钢板网片	B3	钢板网片	B3
	EJ5	密目网	B3	密目网	B3	密目网	B3	密目网	B3	密目网	B3	密目网	B3	密目网	B3

分包管理：1. 钢结构分包：G1、G2；2. 主体结构；钢筋 B1、模板 B2；架体 B3、其他 B4；3. 机电分包：J1、J2；4. 幕墙分包：M1、M2。

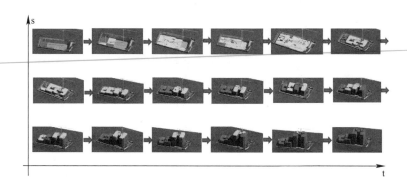

图 22　不同时段现场实体施工进度情况

施工场地 BIM 管理模型（周）

场地布置效果图

图 23　场地管理模型及示意图

施工过程中，管理人员按照场地分配表进行场地的协调管理，当临时发生重要变化时，将对计划表进行调整并进行下发至分包单位，以确保场地管理的及时性和合理性。

3.3.2　实施流程

基于 BIM 技术的狭小施工场地管理流程如图 24 所示。

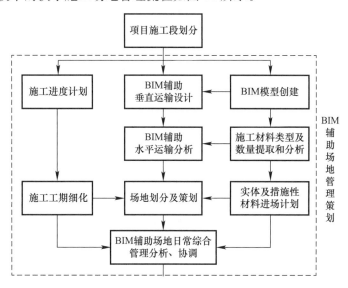

图 24　BIM 辅助场地管理流程示意图（一）

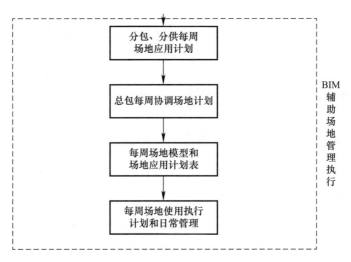

图 24　BIM辅助场地管理流程示意图（二）

3.3.3　应用小结

施工场地管理是保证项目目标得以实施的关键，如何在现场周边情况复杂、场地极其狭小等诸多限制条件下，做好场地有效应用是项目施工管理的重点。项目通过建立 BIM 场地模型，对周边及内部实际情况进行核实，从限制条件、交通组织、全面利用、阶段调整、范围演化等方面进行细致分析，总结出了项目实施面临的因场地狭小辐射出的各类客观问题。项目立足场地管理困难的客观事实，以时间和空间两个维度进行演化分析，从基础施工、地下结构施工、地上结构施工、装饰装修施工四个施工阶段和长期性占用场地（C）、阶段性占用场地（J）、短期性占用场地（D）三种类型进行有机整合。

实施过程中以 BIM 技术为基础，从数据提取、空间分析、应用设计等方面切入日常管理，建立了策划和实施有效呼应的管理机制，研究出利用 BIM 技术辅助狭小场地管理具体方法。这种以 BIM 为基础的项目管理方法在实践过程中得到了很好应用，明确了各类场地的应用功能和可用时限，疏通了不同场地需要的实际需求，形成了狭小场地的统一管理方法，解决了场地狭小面临的各类管理问题，取得了很好的管理效果。目前各大城市中复杂环境建设项目日益增多，都面临着场地管理的壁垒，本项目总结出的关于狭小场地 BIM 管理与应用方法对类似工程具有一定的借鉴和指导意义。

三利大厦改扩建工程充分利用 BIM 技术优势，通过建立基于 BIM 技术的场地需求统计、场地功能分析、场地日常标准化管理等措施，完成了北京二环核心区项目狭小场地管理的任务。建立了场地管理核心机制，为项目按时完成施工目标起到了关键性作用。通过利用 BIM 技术辅助场地管理节约工期 25 天，场地协调效率提高了 50%，降低了因场地频繁变动的额外成本 35 余万元。

项目通过 BIM 技术辅助工程量提取，分区分段计算相关的材料用量，为项目场地管理提供了数据基础；利用 BIM 模型切实反映狭小场地实际情况，使场地分析和协调更为直观，对场地管理的预见性和合理性起到了很好的指导作用；模型配合场地动态管理可以为即时场地调整提供科学支持，也可以为项目施工管理留存较多的过程信息，方便项目施工过程的记录和分析，对施工过程的信息管理具有重要意义。

4 BIM 应用总结

项目通过 BIM 技术应用解决了面临的实际问题，也总结了一些应用经验。从整体上来说，通过各部门联动、BIM 数据的集成，为项目顺利实施起到了核心主导作用。BIM 技术具有很多优势，尤其体现在 BIM 对施工管理起到的引领作用；施工过程中，每项重点方案都利用 BIM 技术进行施工动态模拟和分析，确保了现场施工的可行性；后期项目竣工交付，通过 BIM 技术与现场实体的统一，为项目提供了一套完整模型，对工程结算评估和竣工验收交付都起到了很好的预控和保障作用。

BIM 的其他突出优势也为项目实施提供了诸多便利：

1. 可视化方面。VR 等 BIM 技术为项目施工方案交底、实体模型深化设计、施工安全质量样板管理都起到良好的辅助作用。

2. 数据信息集成方面。BIM 为项目物资材料的管理、成本的控制、工程的预算结算等提供了有效的工程量数据，方便了项目施工控制。

3. 模拟方面。BIM 为项目高质量施工场地布置、施工方案比选、现场观摩管理等方面提供可能，在一定程度上使项目重点、核心、难点管理变得生动合理。

4. 深化出图方面。利用 BIM 技术对机电工程进行综合设计，提高信息化管理水平，另使项目钢结构、幕墙等工程施工依据更为清晰明确，通过 BIM 技术与物流管理结合，提高了整套流程管理水平。

从项目管理角度来看，通过利用 BIM 技术，整体施工管理水平得到了提升。

1. 生产管理方面。BIM 技术为项目施工区段划分、劳动力管理分析、大型机械设备选型、施工平面布置提供了强大的支持，提前给施工管理人员提供了一个虚拟世界，通过合理分析、整合、协调得以实施，变虚为实。尤其在狭小场地管理方面，通过一系列管理方法确保了项目场地的周转使用，为项目材料水平运输管理保驾护航。

2. 技术管理方面。BIM 模型为合理、先进的方案提供了模型基础，真实的数据和空间构件关系使施工方案本身更为科学，通过三维交底使方案设计能够得以有效传导，为方案的落地执行奠定了基础。另一方面，BIM 技术辅助深化设计，对项目施工图纸进行了较为详细的改进，对现场施工起到了技术支撑作用。

3. 商务物资管理方面。BIM 模型提供了良好的信息基础，模型可以提供各类材料、构件的实际工程净量，这个工程量对项目工程预算、材料提取、分包结算管理十分重要，方便了项目工程交易和实施把控，效果明显。

4. 质量安全管理方面。通过利用 BIM 的虚拟技术功能，创建各类样板模型，降低施工成本，提高交底效果。同时将 BIM 模型与质量安全日常管理结合，将日常管理痕迹进行记录，把管理问题定位到模型具体位置，将数据与实际模型结合，便于数据细化和统计分析，也为项目积累经验数据，为项目的整改提升奠定了基础。

总之，项目积极采用 BIM 技术，严格按照 BIM 实施方案指导项目管理，将 BIM 技术深化到项目的日常工作当中，有效解决了重难点问题，辅助解决了各项主要问题，助推了项目施工生产组织、施工材料供应、生产计划协调、工程商务预算、技术深化服务、质量安全控制等各方面的高质量管理，在项目实际管理中起到了重要作用，取得了良好效果。

案例十　西沙屯棚改项目安置房工程

1　项目概况

1.1　项目基本情况

西沙屯棚改项目安置房工程地处北京市昌平区沙河镇，是昌平区落实首都城市战略定位、促进环境整治留白建绿的民生工程，是纳入 2017 年第一批保障性住房建设计划的项目，同时也是北京市第一批按照"一会三函"开工的项目。项目总建筑面积 26 万 m^2，地上 17 万 m^2，地下室 9 万 m^2，建筑高度 80m，最高为 27 层，部分楼为 21 层、22 层等，其中一期总建筑面积 14.2 万 m^2。效果图如图 1 所示。

图 1　西沙屯棚改安置房项目效果图

1.2　参建单位情况

工程主要参建单位见表 1。

主要参建单位

表 1

单位类别	单位名称
建设单位	北京建工地产有限责任公司
设计单位	北京市建筑工程设计有限责任公司
监理单位	北京东方华太建设监理有限公司
施工总承包单位	北京市第二建筑工程有限责任公司

1.3　项目重难点及 BIM 应对措施

项目重难点及应对措施见表 2。

项目重难点及应对措施　　　　　　　　　　　　　　　　表 2

序号	项目重点/难点	应对措施	应用 BIM 解决的内容
1	项目前期拆迁工作难	1. 让业主了解项目工作进度； 2. 通过 BIM 技术提前展示未来竣工景象	1. 规划方案论证，日照分析，雨水分析论证，装配率计算； 2. 辅助拆迁，建立 BIM 模型
2	对设计施工的管理	在施工前通过三维模型进行会审，方案验证等工作	通过 BIM 技术对本项目的设计和施工进度，品质，成本等控制
3	提高交付产品的品质	为业主提供增值服务	利用 BIM 三维模型，结合三维扫描仪，全景相机等工具对施工过程资料进行留存，形成数字资产
4	全过程的数据传递	通过 BIM 技术的三维可视化特点并结合物联网，通过信息化手段实现对项目的精细化管理	在各阶段尽可能实现数据共享，可以减少重复工作量。提高数据的使用效率，节约成本

2　BIM 实施组织策划

2.1　BIM 应用目标

本工程采用住建部大力推广的装配式技术，这不仅对设计、加工、施工各个环节的信息流转和流程管理提出了较高的要求，也直接影响到整个工程的实施周期和投入成本。项目依托北京建工集团全产业链协同的优势，整合优势资源，通过"BIM＋智能建造"技术解决方案，在项目整个建造期内利用 BIM 技术辅助设计、施工，进行进度、成本、质量、安全管控，实现创优创效。

在本项目工作实施中，北京建工地产有限责任公司为实施主体单位，北京市建筑工程设计有限责任公司为设计单位、北京市第二建筑工程有限责任公司为施工总承包单位，形成集开发、设计、施工一体化的棚改 BIM 示范项目。针对项目特点制定如下 BIM 实施目标：

（1）探索基于 BIM 技术的全产业链协同工作的实施应用流程、标准等；

（2）利用 BIM 技术的可视化特点，研究应用基于 BIM 的三维电子楼书辅助选房技术，提升服务品质；

（3）利用 BIM 技术进行深化设计、施工方案比选与优化、进度管理等工作，解决设计、施工面临的技术问题，提升施工效率与工程质量；

（4）研究基于 BIM 技术的竣工联合验收的应用模式、流程和内容，创新各参建方的工作模式，提升工程监管效率与质量。

根据项目实际情况，首先确定了项目的 BIM 实施的指导思路：以模型为基础、建设方需求为主线，以技术、质量、安全、材料、设计协调、成本控制为关键应用方向，提高工作效率，为建设单位提供以数字资产为核心的 BIM 成果。BIM 应用的主要策略有如下几点：

（1）发挥 BIM 参数化优势建立高精度符合模数要求的族模型；

（2）将设计施工知识引入 BIM 应用，使设计与施工前后呼应；

（3）利用 BIM 进行进度、成本、质量、安全管控；

（4）采用多种软件综合应用与自主研发软件相结合的 BIM 软件策略；

（5）发挥 BIM＋的优势，利用高精度模型充分拓展在无人机，3D 打印，VR 等多领域的结合。

2.2　BIM 应用范围

依据本项目的特点及要求，策划 BIM 实施内容及实施目标开展 BIM 技术应用，应用范围及内容见表3。

BIM 应用范围及应用内容　　　　　表 3

序号	应用范围	应用内容
		基础应用
1	效果图、视频	利用设计阶段模型，可为建设单位进行项目准备阶段汇报提供更多的展示素材和展示方式
2	全景展示	通过全景软件将模型制作为 720°无死角可浏览文件，可通过 PC 或手机终端进行设计方案可视化审查
3	构件检查	综合管理项目建立的精细化族文件，为建设单位装配式构件项目积累经验
4	碰撞检测	将各构件与多专业模型进行整合，并检查各个专业间的碰撞问题
5	施工平面布置优化	建立施工场地布置，优化场内道路，调整构件堆放和加工区域，减少构件二次搬运，规划场内车辆行车路线
6	项目进度模拟与管控	将模型和施工组织进度计划结合，对施工过程、周期、成本进行虚拟预演。及时调整工序安排，避免工期和费用的损失
7	预留预埋深化	根据机电管线模型布置，调整预留线盒位置，深化预埋管线路由与交叉
8	管线综合深化	通过机电模型进行管线综合，优化管道排布、尺寸、路径、标高、支吊架等综合应用
9	样板间装修深化	建立装修模型，对铺装墙面、地面、家具、家电、卫浴等构件进行效果展示，便于建设单位确定装修方案
10	构件吊装方案比选	通过在模型中模拟搬运、吊装方案，优化构件放置位置、顺序，进行吊装动线方案比选
11	虚拟现实	辅助运维阶段工作，提高业主满意度
12	节点工序方案比较	通过模型审查安全维护措施，指导临边、洞口等重要位置的安全维护
13	人才培养	通过日常培训及相关工作对项目部人员进行培养
14	无人机辅助项目实施阶段管理	辅助项目勘察、拆迁、施工等阶段的项目管理工作
15	自主研发的北京建工项目管理平台	辅助项目日常管理工作和资料存储工作
16	北京建工工程助手 APP	配合北京建工项目管理平台使用，辅助项目日常工作管理
		创新与示范应用
1	基于 BIM 的全产业链协同管理	形成地产单位的智能建造体系，在以地产单位主导的其他同类项目推广应用

续表

序号	应用范围	应用内容
		创新与示范应用
2	三维电子楼书辅助业主选房	让业主购房选房变得更加便捷
3	BIM技术辅助竣工联合验收	以平台的形式提交验收资料，提升五方验收工作的效率，节约总包单位竣工资料验收时间

2.3　组织机构及岗位职责

2.3.1　BIM应用组织机构

项目BIM应用组织机构如图2所示。

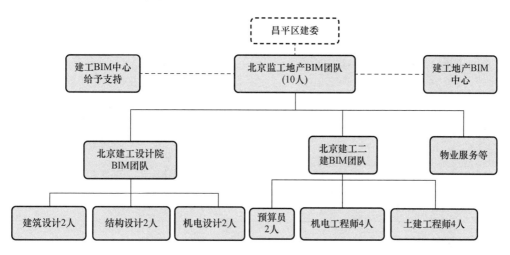

图2　BIM应用组织机构图

2.3.2　BIM应用岗位职责及人员配备

项目BIM应用岗位职责及人员配备见表4。

BIM人员配备表　　　　　　　　　　　　　　　　　　　　　　　　表4

序号	岗位	职责	配备人数
1	BIM项目经理	（1）制定本工程BIM工作总计划； （2）监督设计方和施工方按时保质保量提交BIM成果； （3）对项目各方负责人进行指导和考核	1人
2	地产BIM技术负责人	（1）本项目BIM实施的发起方和最终成果接收使用者； （2）负责跟踪BIM实施过程中的组织协调； （3）确定成果样例； （4）审核本项目BIM实施规划及技术标准，并监督各参与方按要求执行	1人
3	设计BIM技术负责人	（1）负责提供并修改设计BIM成果； （2）配合完成设计阶段BIM工作	1人

序号	岗位	职责	配备人数
4	总包 BIM 技术负责人	（1）制定本工程施工阶段 BIM 工作计划； （2）组织施工阶段 BIM 实施体系； （3）与其他参与方使用 BIM 进行施工信息协同，完成并维护施工与竣工阶段的适用 BIM 模型； （4）在 BIM 实施过程中，按约定时间向地产方进行 BIM 工作汇报； （5）按照策划与现场实际需求提交各类 BIM 成果	1 人
5	BIM 专职工程师	（1）完成全专业 BIM 模型的创建、管理、维护、更新工作； （2）完成进度模拟、三维交底等可视化工作； （3）具有 BIM 技术应用培训的能力	12 人
6	软件工程师	项目管理平台运营与维护	2 人

2.4 软硬件配备

2.4.1 软件配备

项目 BIM 实施软件配备情况见表 5。

软件配备表 表 5

序号	软件名称	版本	单机/协同	软件用途
1	Revit	2017	协同	建筑、结构、机电专业三维建模；建筑结构给排水、电气、管线综合碰撞检查
2	Navisworks	2017	单机	BIM 模型集成，软硬空间碰撞检测，项目漫游动画、进度模拟展示
3	Lumion	8.0	单机	场景渲染
4	Synchro View	7.0	协同	复杂的施工模拟

2.4.2 硬件配备

项目 BIM 实施硬件配备情况见表 6。

硬件配备表 表 6

序号	设备名称	型号	数量	配置	用途
1	电脑	戴尔	8	台式：i7-8700 32G 2T 1050TI/4G 笔记本：i7-7700HQ 8G	模型建立和维护
2	服务器	戴尔 PowerEdge R730	2	Xeon E5-2603 V3/8GB/1.2TB	数据储存和计算
3	VR 设备	小米 VR 一体机	1	/	虚拟现实展示
4	三维激光扫描仪	天宝 TX6	1	/	扫描建筑成品
5	无人机	TYPHOON	1	/	拍摄施工过程资料

2.5 项目 BIM 应用流程及管理制度

2.5.1 BIM 应用流程

项目 BIM 应用流程如图 3 所示。

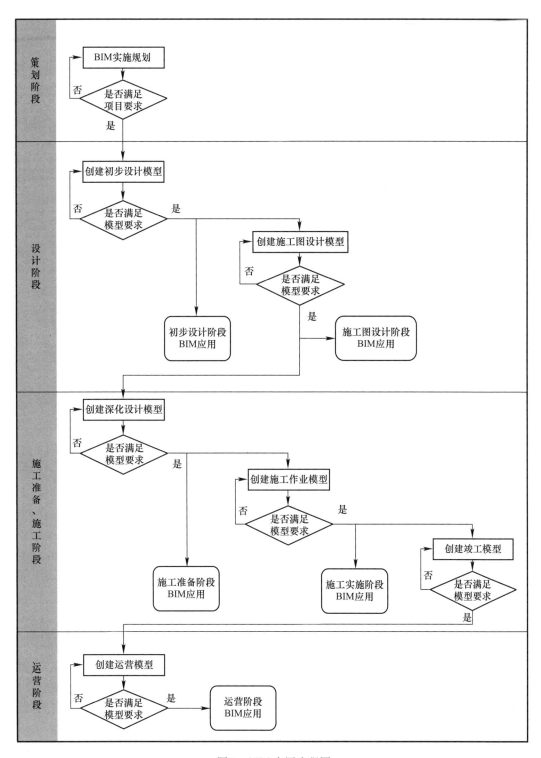

图 3　BIM 应用流程图

2.5.2 BIM 应用管理制度

（1）BIM 工作管理制度

业主单位建立项目 BIM 管理组，BIM 管理组作为 BIM 总协调方，统筹管理各参与方的 BIM 实施。各参与方在 BIM 工作实施前，根据合同所约定的 BIM 内容，拟定相应的工作计划和 BIM 实施保障措施，并在工作过程中落实执行。各参与方应对自身的 BIM 工作人员进行业务培训，确保上岗人员的技术水平和能力，并对所负责的 BIM 模型及时更新，保证模型的实时有效性，最终向项目 BIM 管理组提交 BIM 模型成果及应用成果，并在 BIM 工作过程中接受业主的管理与监督。

（2）BIM 保密制度

BIM 文件的保密管理制度：

1）BIM 文件一律由专人保管、签收、发送、登记，收发文登记要在当日完成，不得积压。

2）借阅 BIM 文件、资料等，需经 BIM 负责人批准，并履行借阅登记手续。

3）BIM 文件资料只能在办公室内阅读、不得外带。因工作需要必须外带时，需经 BIM 负责人批准，办理借阅手续，用完后及时归还，不得转借他人。

4）存放 BIM 文件要有专柜，并设专人保管，下班时不能随便将文件放在办公桌上。

5）未经批准不得擅自复印重要文件。

6）电子文件内部传输优先采用内部局域网进行传输，其次采用项目部、公司办公软件进行传输，如采用 U 盘等移动设备进行传输，应先对移动设备进行杀毒处理，传输完毕后立即删除移动设备中的文件。

BIM 成果保密制度：

1）未经 BIM 负责人批准不得擅自将阶段性成果发表论文、刊物、专利等。

2）未经 BIM 负责人批准不得将阶段性成果展示给他人观看。

3）未经 BIM 负责人批准不得将成果拷贝给他人。

泄密事故处理：

故意泄密者需进行纪律处分，情节严重者将移交上级部门处理。

（3）BIM 工作计划管理制度

1）项目 BIM 组长根据项目实施进度制定配套的 BIM 工作计划。

2）BIM 工作计划由项目总工审批后，下发至 BIM 技术办公室，由 BIM 组长分发工作任务，监督 BIM 工作计划完成情况，定期汇总成果并向总工汇报。

3）BIM 组长负责协调专业分包，监督专业分包 BIM 工作计划完成情况，给予技术支撑，确保按时提交成果。

（4）质量管理制度

1）所有输出成果由应用负责人及 BIM 负责人审核无误后方可下发，并做好发文及成果报告。

2）应用负责人应对自己的输出成果进行实时跟踪。

3）所有输出成果应遵循保密制度。

4）二维成果需附三维轴测图。

5）完成的成果需单独进行总结。

BIM 模型建立完成后，模型需内部审核、校对。BIM 组长负责对模型成果和 BIM 应用成果进行质量检查，检查的结果将以书面记录的方式提交总工审核。

（5）BIM 会议制度

会议目的：为规范会议程序，提高部门决策能力和办事效率，更好的协调工作，研究落实重大事项的对策措施和寻求解决有关问题的方法，预防和纠正工作中存在的问题，并保证部门各项管理工作规范、高效、有序，特制定本制度。

会议类别：本制度适用于有关 BIM 的所有会议。

会议时间：每天工作前召开每日例会；每周组织 BIM 周例会；每月组织 BIM 月例会；每周三组织方案讨论会，发现问题应及时召开专题例会；定期或不定期参加监理例会、成果总结会、应用点交底会。

组织管理：

每日例会由 BIM 负责人组织，BIM 人员参加，对前一天完成的工作进行总结，并制定当天工作计划，对工作中发现的问题进行讨论。

每周例会由 BIM 负责人组织，BIM 人员参加，汇报上周工作情况，对工作中出现的问题进行讨论，分配下周工作。

每月例会由 BIM 负责人组织，BIM 人员参加，汇报上月工作情况、下月计划及工作分配等。

方案研讨会由技术负责人组织，全体技术人员参加，对方案进行研究及讨论，BIM 人员配合完成建模、模拟。

设计例会由地产单位组织，BIM 负责人不定期参加，汇报 BIM 工作，展示 BIM 成果。

应用点交底会由应用负责人组织，对项目管理层进行交底。

在项目里程碑时间（包括设计阶段），应召开专项 BIM 工作会议，对 BIM 工作相关内容进行讨论和决议。

（6）BIM 培训制度

培训内容：根据集团、公司相关标准，进行年度培训计划需求编制，并上报集团 BIM 中心。

培训类型：知识培训、技能培训。

培训范围：项目部全体人员。

培训策划与组织：集团 BIM 中心负责培训制度、计划的制定、完善、修改等工作；负责培训会议的策划组织工作；负责检查、评估培训的实施情况，培训效果的跟踪和评估。

培训实施：项目部按实际需求制定培训计划和组织实施。

培训考核：培训完成后，参与培训人员需对讲师给予评价；讲师根据培训内容布置相关作业并制定考核标准，进行培训考核。BIM 中心人员根据参加培训人员的考勤情况、笔试成绩、上机成绩和作业情况进行考核。

培训资料：培训过程中形成的文件应按相关要求进行整理并上报公司 BIM 中心。

（7）协同平台管理制度

协同办公平台工作模块包括：族库管理模块、模型物料模块、采购管理模块、统计分析模块、数据维护模块、工作权限模块、工程资料模块等。所有模块通过外部接口和数据接口进行信息的提取、查看、实时更新。

在 BIM 协同平台搭建完毕后，由地产单位组织，要求设计方、总承包方等单位参加召开 BIM 启动会，会议应明确工程 BIM 应用重点、协同工作方式、BIM 实施流程等多项工作内容。

地产单位基于协同平台在项目实施过程中统一进行信息管理，一旦某个部位发生变化，需重新调取模型相关信息时，采用协同平台通知的方式统一告知各相关参与方。

3 创新与示范应用

3.1 基于 BIM 的全产业链协同管理

3.1.1 应用需求

西沙屯棚改安置房项目是装配式民生保障型住宅工程，具有面积广、工期紧的特点，特别是作为装配式全产业链住宅项目，设计、构件加工、施工组织的高标准与工期紧张的矛盾尤为突出，如图 4 所示。同时，西沙屯棚改项目安置房工程又是时间跨度超大的项目，最早的规划北京建工地产公司从十年前就已开始，直到 2017 年公司才得到一会三函开始启动，开始施工图设计工作。

图 4　主要参建单位

由于 BIM 技术的发展日新月异，针对装配式住宅的 BIM 应用经验相对匮乏。项目探索利用 BIM 模型作为各方统一的数据源进行如图 5 所示的协同工作模式，同时也希望通过 BIM 技术的辅助在项目整个建造周期内协助开发方掌控项目、开展销售、树立良好品牌形象。

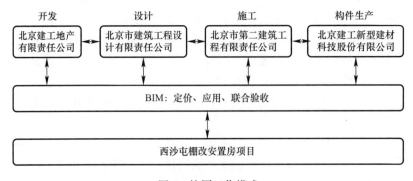

图 5　协同工作模式

3.1.2　应用内容及流程

项目在图 3 所示 BIM 应用流程基础上，建立了如图 6 所示的构件生产加工流程。

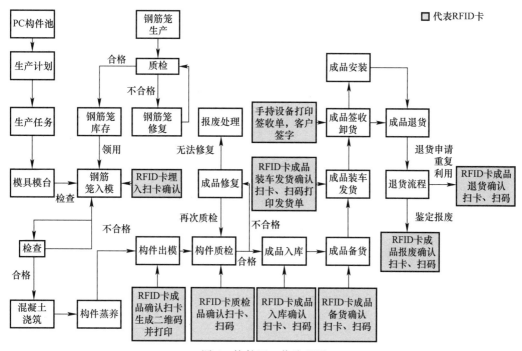

图 6　构件厂工作流程图

在制定 BIM 实施流程的同时，明确各参与单位 BIM 团队职责，如表 7 所示。

表 7

各参建单位	工作内容
业主单位	1）本项目 BIM 实施的发起方和最终成果接收使用者； 2）与 BIM 咨询单位共同确定 BIM 实施方案和工作内容； 3）负责跟踪 BIM 实施过程中的组织协调； 4）确定成果样例； 5）审核本项目 BIM 实施规划及技术标准，并监督各参与方按要求执行； 6）进行招标准备工作
设计单位	1）负责提供与修改设计成果，配合完成设计阶段 BIM 工作； 2）实施团队对接，完成本项目设计阶段的 BIM 应用； 3）根据建模标准，协同实施团队开展正向设计，建立扩初模型； 4）按照建模标准中文档目录进行设计模型提交； 5）设计单位在提交设计模型时应对其他参建方进行交底工作； 6）设计单位应在设计模型尚未交付施工单位时征求建设单位与 BIM 咨询单位意见； 7）及时进行回复与修改
BIM 咨询单位	1）依照合同搭建协同管理平台； 2）编制项目各参与方在 BIM 实施时需要使用的各类标准文件； 3）完成相关 BIM 应用及成果提交； 4）编制 BIM 实施过程中主要的管理流程； 5）建立信息管理制度，编制各参与方 BIM 实施过程中的信息管理方法的说明； 6）根据西沙屯项目建模标准审核设计模型，并形成审核报告供业主咨询； 7）审核各参与方提交的 BIM 成果，并提交各阶段 BIM 成果审核意见及 BIM 优化建议； 8）对项目各方 BIM 工作进行考核；

各参建单位	工作内容
BIM 咨询单位	9) 对建设单位招标工作提供合理化建议； 10) 在 BIM 实施过程中，将相关问题向甲方对接人进行汇报； 11) 监督设计方和施工方按时保质保量提交 BIM 成果； 12) 帮助甲方完成北京市示范工程申报和建工集团 BIM 示范工程申报工作
总承包单位	1) 与其他参与方使用 BIM 进行施工信息协同，完成并维护施工与竣工阶段适用的 BIM 模型； 2) 在 BIM 实施过程中，按约定时间向甲方进行 BIM 工作汇报； 3) 按照策划与现场实际需求提交各类 BIM 成果； 4) 制定本工程施工阶段 BIM 工作计划； 5) 组织施工阶段 BIM 实施体系； 6) 接受甲方和建工 BIM 中心考核
分包单位	1) 按要求提交自身 BIM 工作计划，经平台公司批准后遵照实施； 2) 接收设计阶段和深化设计模型，听取相关模型交底； 3) 负责施工阶段的模型操作和 BIM 应用； 4) 提交 BIM 应用成果； 5) 负责对专业承包单位的 BIM 成果校核，并确保 BIM 成果与各参与方提供的施工图纸文档一致； 6) 统筹、协调、管理机电总承包商和其他专业承包单位的 BIM 实施及 BIM 成果

由于项目是由建设单位主导，设计单位和总包单位共同探索的全过程 BIM 应用项目，为保障项目 BIM 工作更好地实施，在项目前期策划中建立了基于建设方相关的全过程 BIM 实施管理流程。如图 7～图 11 所示。

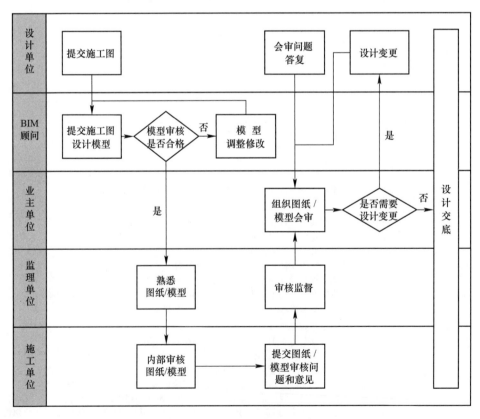

图 7　设计会审交底管理流程

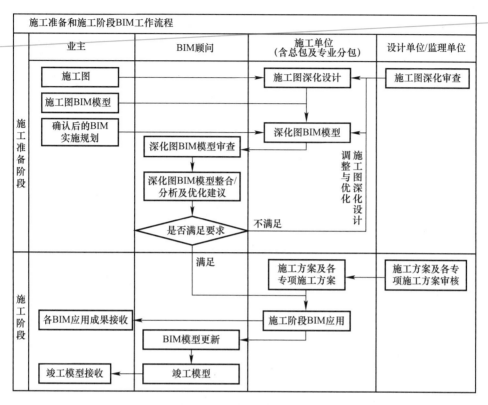

图 8　施工准备和施工阶段 BIM 管理流程

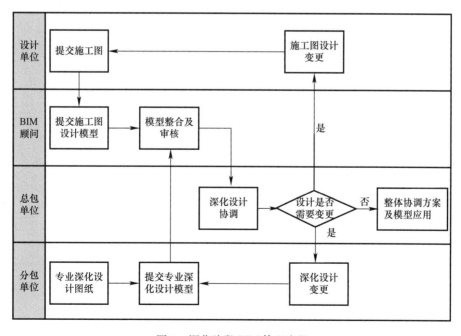

图 9　深化阶段 BIM 管理流程

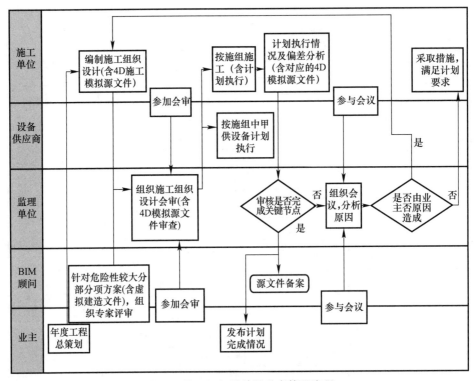

图 10　施工组织设计及进度管理流程

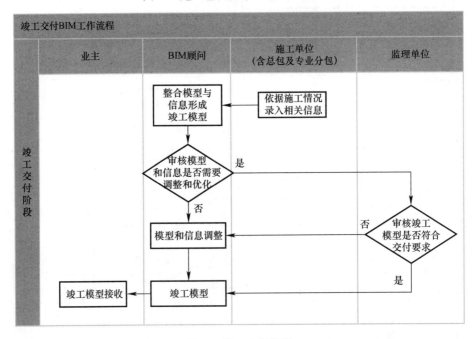

图 11　竣工交付流程

3.1.3　应用小结

1. 前期设计工作在 BIM 技术的辅助下，提高了设计速度与准确性；

2. 在工期方面，通过应用 BIM 技术加快了项目进度、降低了地产融资成本；

3. 在管理效益方面，通过应用 BIM 技术解决了产业链协同困难问题，降低了各方协调成本。

3.2　三维电子楼书辅助业主选房

3.2.1　应用需求

西沙屯棚改项目安置房工程探索利用 BIM 模型作为各方统一的数据源进行协同工作模式。在 BIM 工作探索过程中，通过 BIM 技术辅助业主选房，提高业主满意度。纵观目前房地产市场上出现的楼书，绝大多数是以纸质为载体，许多房地产开发商对于楼书的展示竞争主要集中在谁的印刷更高档、谁的创意更鲜活，但是无论如何出新意，总是会受到"平面媒体"固有特性的限制。虽然交房工作是项目实施阶段的后期工作，但项目将交房工作作为重点工作之一，在建设过程中利用 BIM 技术创建三维小电子楼书，辅助业主选房。

3.2.2　应用内容

为满足项目交房的工作需求，建设单位在施工阶段要求总包单位以图 12 所示的虚拟样板的方式进行样板间装修方案论证，并将论证结果报给建设方进行审核，待审核通过后，再进行实体样板的制作，从而节约项目成本。

图 12　西沙屯项目虚拟样板方案图

具体工作流程如图 13、图 14 所示：

通过 VR 技术，将本项目 BIM 模型的交付和应用进行扩展，使用者不再是只在电脑上安装软件后对 BIM 模型进行简单的浏览和查询，而是允许使用者与 BIM 模型之间进行互动。根据建设方的需求，项目通过应用 VR 技术进行效果展示、虚拟样板展示和全景看房等，让建设单位和业主尽早了解项目各阶段情况，提升沟通效率。

同时为了满足交房需求，让业主购买房子后更了解自己的房子，且便于日后家装工作，项目依据自身特点，将三维模型、虚拟域显示技术、互动多媒体技术与网络技术相结合，总结出三维楼书工作方案，见表 8。

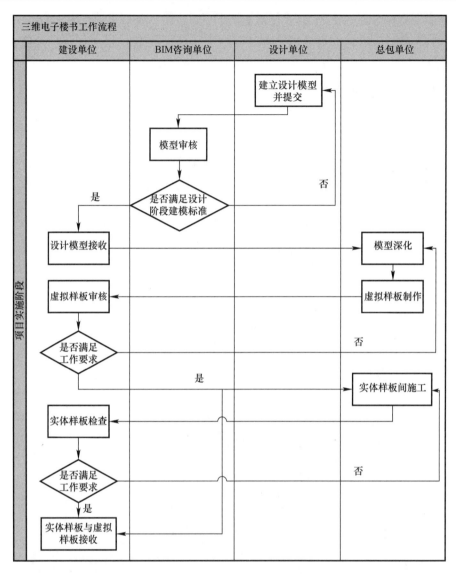

图 13　三维电子楼书工作流程

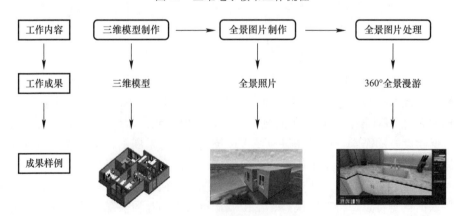

图 14　虚拟样板工作流程图

三维楼书工作方案 表8

工作目的	工作范围	工作内容	内容说明	工作方法
1. 地产展示汇报使用； 2. 在售楼工作中地产单位为业主提供增值服务； 3. 方便业主日后装修使用	小区整体效果和五个样板间	三维模型	根据需要，应用多种方法搭建不同阶段的三维模型	1. 竣工后小区整体景观模型； 2. 样板间模型； 3. 虚拟现实； 4. 三维扫描
		影像资料	施工过程资料	样板间各施工阶段全景
		家具，家电，灯具，材料等信息	厂家，型号，联系电话等	模型添加信息
		户型分析资料	空调分析，光照分析，采暖分析等	户型分析
		平台查看	电脑端，手持端	

三维楼书主要包含内容为：三维模型，实景全景户型分析和预留预埋情况，包括管线走向、阀门开关位置、相关设备的厂家维护信息等，方便使用者查询施工过程数据。如图15所示。

图15 三维楼书局部展示图

同时，在楼书中提供室内的家装效果和每一扇窗户外的景观效果，并根据各个户型的位置进行舒适度分析和空调摆放最佳位置分析，方便日后购房者进行选房和装修。如图16所示。

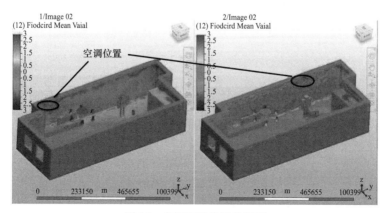

图16 户型空调位置分析图

具体工作流程如图 17 所示。

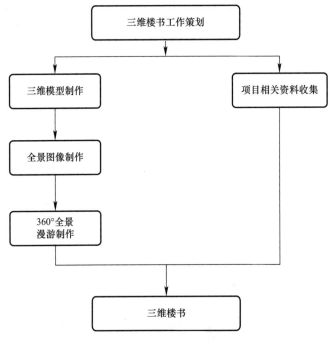

图 17　三维楼书工作流程图

3.2.3　应用小结

本项目三维楼书的应用具有直观性好、体验性好、传播快等特点。较传统纸质版楼书具有较多的优点，如视觉冲击力强，信息容量大、制作成本低等，用户足不出户即可沉浸式体验楼盘信息，并且可以带来强烈的品牌渲染力，有效地提高建筑业科技含量。

随着应用不断地深入探索，项目团队发现此项应用还不够完善，下一步将进一步研究此项应用，自主研发三维展示系统，从而解决成果存储及成果移交的问题。

3.3　BIM 技术辅助竣工联合验收

3.3.1　应用需求

为进一步落实行政审批改革工作，规范各主管部门或市政公用服务企业联合验收行为，依据《国务院办公厅关于开展工程建设项目审批制度改革试点通知》（国办发 2018 第 33 号）和《北京市工程建设项目审批制度改革试点实施方案》（京政办发〔2018〕36 号）等文件精神以及《关于印发〈北京市社会投资建设项目联合验收暂行办法〉的通知》（京建发〔2018〕118 号），北京积极推动 BIM 技术在竣工联合验收工作中的应用，本项目作为试验工程积极参与其中。如图 18 所示。

图 18 西沙屯项目联合验收平台截图

3.3.2 应用内容及流程

1. 首先依据本项目工作需求，对工程资料中的分部工程建立三维模型，同时依据工程资料按流水段的命名方式对模型进行相应设置。

2. 然后是数据处理的过程，开发团队收到需求之后，首先对模型进行解析，分析出特殊命名部位的信息位置，将模型与资料依据特定的数据进行挂接。

3. 最后是项目管理平台和资料软件对接的研究过程，主要是通过接口或分析 xml 数据将资料软件接入项目平台。由于数据格式不同，其数据交换形式也不尽相同，经比较之后推荐利用数据接口进行数据交互。具体流程如图 19 所示。

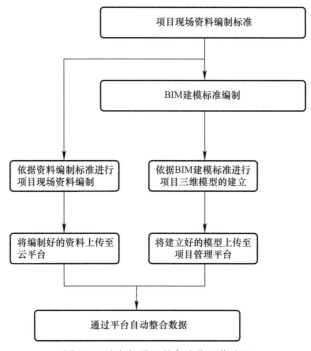

图 19 西沙屯项目联合验收工作流程

3.3.3 应用小结

通过开展 BIM 技术辅助竣工联合验收的应用研究，实现了工程资料与模型的有效挂接，探索了一条 BIM 技术辅助竣工联合验收的工作路径。在研究过程中遇到了很多困难，比如开发人员对 BIM 模型不了解、解析遇到困难、资料软件厂家对接文件参差不齐等，但此项研究是无纸化办公推进过程中的一项重要工作，并能够促进 BIM＋信息化技术在项目上的应用深度。

4 应用总结

4.1 应用成效

（1）本项目由地产公司牵头，设计、施工及运维单位共同参与，通过全产业链与 BIM 技术协同的项目管理模式，形成了相应的 BIM 管理流程、制度、标准等资料，培养了一批专业人才。

（2）打破传统工作模式，通过三维楼书的制作，提升了交房品质，辅助业主足不出户即可选房，方便业主进行房屋拆改工作。

（3）通过应用无人机航拍，辅助项目进行施工现场管理，同时通过航测模型协助建设单位成本部门进行基坑阶段的成本核算工作，有效避免了与拆迁公司的纠纷，提高了工作效率。

（4）通过 BIM 技术在竣工联合验收工作中的应用研究与实践，解决了以往资料多、查询难等问题，提高了资料管理工作效率。

（5）项目将 BIM、互联网等多项技术融合应用到施工现场的技术、质量、安全、劳务、环境、设备、材料等工程管理过程中，有效提升了项目管理水平与效率。

4.2 经验体会

（1）随着 BIM 应用的推广，项目培养出的 BIM 人才所面临的就业选择机会更多，人员的离职会导致 BIM 实施工作衔接出现或大或小的问题，影响 BIM 实施工作进度，新的人员对前期工作不了解，技术水平及团队工作流程需不断重新培训贯标。

（2）三维楼书制作投入的人工成本高，软硬件受限，电脑运转速度较慢，比较耗时。且由于样板间方案变化较多，Revit 模型中的相关族文件随着变化的装修方案需要不断地重新制作，导致工作效率不高。

（3）在资料软件平台研究工作中，由于开发人员对工程及模型概念不清，BIM 技术人员不懂开发相关概念，导致在项目初期解析数据过程中遇到很多问题，磨合期较长。同时由于资料软件商提交的成果是非标准化文件，导致项目平台的研发测试工作耗时较长。

案例十一 朝阳区垡头地区焦化厂公租房项目二标段

1 项目概况

1.1 项目介绍

朝阳区垡头地区焦化厂公租房项目二标段位于北京市朝阳区东南部垡头区域内，南至化工路，西至焦化厂棚户区改造安置房项目，北至规划焦化厂二街，东至规划焦化厂东五路。项目方案由建筑大师崔凯和张永和执笔，采用中国传统四合院式围合布局，商业之眼为区域地标建筑，地下商业打造文化创意聚集区，是承担内城人口疏解和实现职住平衡的重要民生工程。项目效果如图1所示。

图 1 项目效果图

工程总建筑面积227250.93m²，由10栋高层住宅、8栋配套商业、东西区2个车库构成。公租房采用装配式混凝土剪力墙结构、装配化装修，其中：17号、21号、22号三栋住宅楼为超低能耗建筑，总户数560户，总建筑面积为34196m²，如图2所示；17号楼地下5层，地上19层，为装配式剪力墙结构的超低能耗建筑；21号、22号楼地下5层，地上27层，檐高77.4m，在国内相同气候区还未有类似高度的超低能耗建筑，是首批北京市超低能耗建筑示范工程。

图 2 三栋超低能耗建筑实景

1.2　参建单位情况

工程主要参建单位见表1。

主要参建单位　　　　　　　　　　　　　　　　　　　　　　　　　　　　表1

单位类别	单位名称
建设单位	北京市保障性住房建设投资中心
设计单位	中国建筑设计院有限公司
勘察单位	北京市勘察设计研究院有限公司
监理单位	北京逸群工程咨询有限公司
施工单位	北京城乡建设集团有限责任公司

1.3　项目重难点

（1）工程结构形式为装配式混凝土结构，装配率85％以上，预制构件种类多、数量大，施工组织难度大。需重点控制预制构件深化设计、预制构件场内运输与码放、塔吊与外防护架选型、预制构件吊装与临时支撑、装配式混凝土结构转换层施工、套筒灌浆施工及现浇节点施工等。结构实景如图3所示。

图3　装配式结构实景图

项目在预制构件加工委托前应用BIM技术进行深化设计，通过建立全专业模型检查预制构件图纸问题。通过BIM技术进行施工方案模拟，并组织三维可视化交底。采用构件厂PCIS（预制构件跟踪管理）平台对构件进行物料追踪，确保构件码放、安装位置正确。

（2）工程17号、21号和22号楼是国内第一批一类高层超低能耗建筑，可参考的图集、标准、规程少，需要施工单位深化设计的工作多、难度大。

如图4所示带热回收功能的新风系统经过公共区域进入户内，为避免与结构碰撞，提升户内净高，利用BIM技术对超低能耗的机电系统进行优化。如图5所示的地道风系统是指利用埋置于土壤中的混凝土管道进行空气—土壤热交换，再通过机械送风系统送至地面上的建筑物内，以达到冬暖夏凉的效果。本项目地道风管道设计标高为−19.8m，为避免地道风系统与塔吊基础冲突，项目应用BIM技术对新风系统与地道风系统进行深化设计与模拟，优化了地道风与建筑新风的循环路径。

（3）新型外墙外保温施工质量控制难度大。本工程超低能耗建筑外保温做法为20mm厚VIP真空绝热板＋120mm厚的岩棉保温板，由于VIP真空绝热板不能现场裁切、打孔，

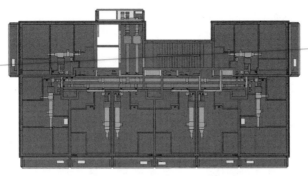

图 4　带热回收新风系统深化设计

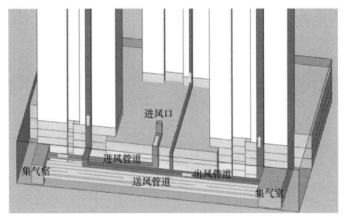

图 5　地道风系统深化设计

必须提前排版确定好规格尺寸。项目利用 BIM 技术对 VIP 真空绝热板进行模数化设计和复杂节点的精细排版，确定 VIP 真空绝热板加工生产技术参数，如图 6 所示。

图 6　超低能耗建筑外保温排版

新型外墙外保温的施工难点在于锚栓不能破坏底层的 VIP 真空绝热板，项目通过 BIM 技术模拟外保温安装全过程，并对工人进行三维可视化技术交底，确保外保温施工质量，如图 7 所示。

（4）标段多、施工交界面长，机电管线施工组织难度大。项目利用 BIM 技术进行机电管综优化，处理好不同标段交界处的机电交接施工问题，减少返工，提高施工效率。

（5）本工程为建设单位规划的第一个基于 BIM 技术的运维管理项目，在 2017 年时，国内还鲜有成功的 BIM 运维案例，BIM 工作策划、实施方案、过程管控、验收标准是运维管理落地的重点难点。为此，项目采取的应对措施包括：1）到医院、软件公司考察传统信息化运维管理方式，分析 BIM 运维管理可行性；2）到建设单位运营中心做实地调研，重点跟踪选房、配租、物业管理等环节，确定 BIM 运维需求；3）以降本增效为核心，制定 BIM 运维技术路径；4）制定好 BIM 方案后请专家论证，再次进行修改；5）最终方案得到建设单位同意后，组织实施。

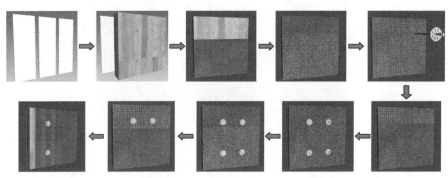

图 7　超低能耗建筑外保温施工可视化交底

2　BIM 实施组织策划

2.1　BIM 应用目标

针对本工程装配式结构、超低能耗建筑、运维等特点及重难点，项目 BIM 实施目标如下：

（1）通过 BIM 技术完成预制构件深化设计和装配式结构施工方案优化，保证构件在生产、吊装、运输、安装就位等诸多环节的安全、质量、进度满足相关要求。

（2）对预制构件图纸进行复核。根据生产计划需提前进场 2 层的预制构件，每块预制墙板都是唯一且有特定的安装位置，一旦进场后发现预制构件有问题就会影响整体进度。为避免此类问题发生，通过 BIM 技术对预制构件进行"错"、"漏"检测，如有问题及时通知构件厂处理，保证装配式施工顺利进行。

（3）做好超低能耗建筑地道风与新风系统前期策划工作。通过 BIM 技术将地道风系统和新风系统作为建筑亮点进行深化设计，满足使用功能且安装效果整齐美观。

（4）新型外保温系统深化设计与施工工艺优化。通过 BIM 技术对 VIP 真空绝热板进行排版，减少材料规格，指导加工订货。模拟外保温系统施工工艺，并进行三维可视化交底，确保超低能耗建筑外保温施工质量。

（5）通过创建全专业施工模型、竣工模型、运维模型，制定运维模型交付标准，探索施工--运维模型传递以及运维模型交付验收机制。

2.2　BIM 应用范围

项目 BIM 应用范围及内容见表 2。

BIM 应用范围及内容　　　　　　　　　　　　　　　　　　　　表 2

序号	应用范围	应用内容
		基础应用
1	全专业施工模型、竣工模型、运维模型建立与传递	形成 BIM 模型数据库，建立满足施工应用、竣工交付和与运维平台匹配的全专业模型，同时通过模型验证运维平台功能
2	碰撞检查及管线综合出图	排查各专业的错漏碰缺问题，优化机电管线之间的空间位置关系，提升净高，优化后的机电管线通过 BIM 出图，指导施工

序号	应用范围	应用内容
基础应用		
3	辅助装配式建筑施工组织管理	预制构件BIM深化设计，规划预制构件场内运输路线、吊装顺序，对工人进行装配式施工可视化交底，确保施工任务顺利开展
4	超低能耗建筑深化设计	超低能耗建筑新风系统、地道风系统BIM深化设计，对影响气密性施工的关键技术进行施工模拟与可视化交底
5	超低能耗建筑外保温排版及施工技术交底	VIP真空绝热版的BIM排版和复杂节点深化设计，通过施工模拟优化超低能耗外保温系统施工工艺
创新与示范应用		
1	公租房BIM运维管理平台	研发基于BIM技术的公租房运维管理平台，提升管理效率
2	BIM运维在施工阶段的数据交付模式研究	制定施工阶段建模标准，制定运维模型交付标准，建立施工—运维模型的传递以及运维模型交付验收机制
3	超低能耗建筑能耗分析、环境监测	制定基于BIM技术的超低能耗建筑能耗分析、环境监测解决方案并实施，包括传感器选型、部署、数据采集、数据传输等工作内容
4	基于BIM技术的公租房建造与运维管理	包括创新方法、构建体系、搭建平台、建立标准、应用示范

2.3　组织机构及岗位职责

2.3.1　BIM应用组织机构

项目根据BIM工作要求建立了集团、公司、项目部三级垂直管理体系，及土建、机电、构件跟踪管理平台、广联达5D平台和以建设单位信息中心牵头的BIM运维5个专业组的平行管理体系，如图8所示。

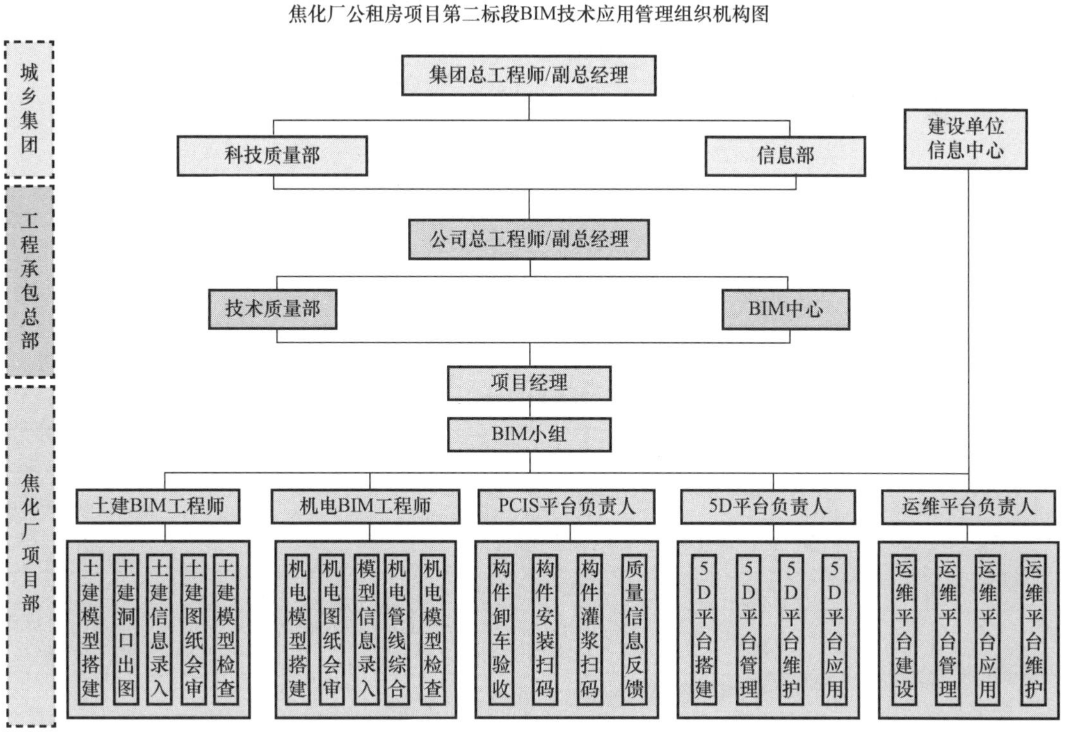

焦化厂公租房项目第二标段BIM技术应用管理组织机构图

图8　项目BIM组织管理体系

229

2.3.2 BIM 应用岗位职责及人员配备

项目 BIM 应用岗位职责及人员配备见表 3。

BIM 应用岗位职责及人员配备表　　　　　　　　　　　　　　表 3

序号	岗位	职责	配备人数
1	BIM 负责人	负责 BIM 工作的总体策划、实施与对外沟通，负责 BIM 成本控制与完成质量	1
2	土建 BIM 工程师	建筑、结构模型建立与应用管理、对接运维平台	3
3	机电 BIM 工程师	给排水、暖通、电气专业模型建立与应用管理、对接运维平台	3
4	PCIS 平台负责人	预制构件的出厂、运输、进场、堆放、安装 BIM 管理	1
5	5D 平台负责人	利用移动端对施工现场质量、安全、形象进度进行把控	1
6	专业分包 BIM 小组	服从总包协调，负责各自专业分包模型成果	各专业分包配备 1～2 人
7	咨询公司	负责部分模型创建、修改工作，运维平台研发、调试、维护	5 人

2.4 软硬件配置

项目 BIM 实施软件配备情况见表 4。

软件配备表　　　　　　　　　　　　　　表 4

序号	软件名称	版本	单机/协同	软件用途
1	Revit	2016	单机	各专业三维模型创建
2	Navisworks 2016	2016	单机	模型综合碰撞检查
3	Tekla	2016	单机	钢结构模型创建
4	广联达 BIM5D	2016	协同	施工协同管理
5	Lumion	6.0	单机	可视化
6	After Effects	2017	单机	视频制作
7	Fuzor	2017	单机	可视化
8	AutoCAD	2014	单机	图纸查看和修改
9	BIM 运维	自研	协同	运维管理
10	广联达场布	5.0	单机	场地布置

项目 BIM 实施硬件配备情况见表 5。

硬件配备表　　　　　　　　　　　　　　表 5

序号	设备名称	数量	配置	用途
1	云服务器	2	R730；E5-2667V4×2；32G×12；2T；SAS×6；H730；DVD；1100W 双电；导轨；M60GPU	BIM 协作硬件基础
2	云终端	15	瘦客户机	云端协同办公
3	交换机	2	华为 S5720-56C（48 口全千兆）	网络
4	图形工作站	1	i7-7700K；NVIDIA GTX 1080；32G；1T 机械硬盘；750GB；水冷机箱	图形渲染
5	高配台式机	5	i7-6800K；NVIDIA GTX1070；16G；1T 机械硬盘；256G 固态；水冷机箱	搭建模型
6	笔记本	1	i7-6800K；NVIDIA GTX1070；16G；1T 机械硬盘；256G 固态	演示汇报

2.5　BIM 应用流程及管理制度

2.5.1　BIM 应用流程

项目 BIM 应用流程如图 9 所示。

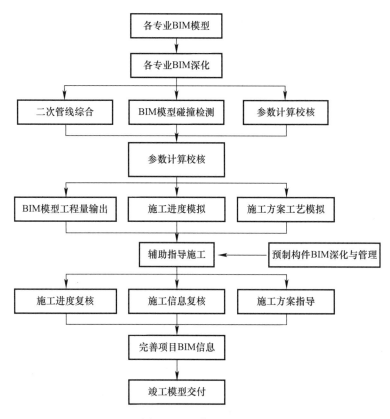

图 9　BIM 应用流程图

2.5.2　BIM 应用管理制度

（1）模型审查制度

各专业 BIM 工程师需按标准、按计划完成本专业模型，并进行自查，有问题及时修改完善。总包 BIM 小组对各专业模型进行抽查，抽查合格后将各专业模型整合并进行系统排查。各专业依据管理体系、职能对模型进行必要的调整，并反馈最新的模型至总包方。

（2）BIM 数据管理制度

1）总包整理模型、图纸、施工信息、设备信息等 BIM 相关文件、数据，并按规则将模型与文件、数据进行匹配；

2）分包需及时提供和更新模型数据，反馈图纸中出现的问题，将数据、问题在平台上进行共享；

3）总包定期对数据进行检查，并将模型信息、施工信息及其他信息定期发布，供各分包查阅与修正；

4）分包若需总包提供相应数据，须提交数据请求表，在总包认可情况下进行数据提取。

（3）BIM 例会制度

为确保 BIM 工作顺利实施，及时解决工作中遇到的问题，每周组织 BIM 工作例会，会议内容包括项目进展、存在问题、下一阶段计划、技术讨论、成果评价等。

3 创新与示范应用

3.1 基于 BIM 的公租房运维管理平台研发

3.1.1 运维平台建设目标

在充分调研建设单位需求的基础上，确立平台建设目标：

（1）以建筑信息模型的制作、存储、计算、浏览、交互等功能为基础，贯穿空间管理、资产管理、维护管理、公共安全管理和能耗管理等多个方面。

（2）以房屋设施、设备、空间管理为核心，满足单位在空间方面的多种管理和分析需求，更好的响应对空间分配的请求及高效处理日常相关事务，合理进行空间分配和规划，可视化空间租赁管理、空间使用的状态、收益及成本，规避潜在风险，提高投资回报率。

3.1.2 模块化设计

在目标明确的条件下，平台设计为四个模块：①选房系统；②工单系统；③决策系统；④运维系统。如图 10 所示。

图 10 系统模块设计

3.1.3 运维平台软件架构设计

整个平台分为四层，自底向上分别为：

1）基础设施层：包括私有云基础设施，CPU、内存、存储、显卡资源池化管理，最大限度利用硬件提供的计算资源，并通过虚拟化技术使平台支持多样的操作系统和应用系统。

2）数据资源层：包括 BIM 模型数据、矢量图层数据、安防视频数据、各应用系统的业务数据、传感器数据等。

3）共享服务层：包括 BIM 三维引擎、GIS 引擎、即时消息服务、综合报表服务以及传感器数据接口等。

4）应用层：包含 BIM 三维信息管理系统、设备信息管理系统、决策分析系统、应急处置与管理系统、智能化系统第三方接入、移动终端系统、房屋信息管理系统、综合办公系统、运维保障系统。

3.1.4 组织实施流程

基于 BIM 技术的运维管理平台的开发及应用流程如图 11 所示。

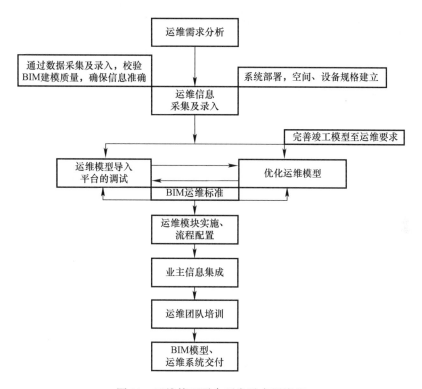

图 11 运维管理平台开发及应用流程

3.1.5 应用小结

通过充分的调研、专业的团队以及有序的工作安排，BIM 运维平台在工程精装修阶段搭建完成，为运维模型与平台匹配争取了充分时间，保证了平台在公租房配租时正式上线。BIM 运维平台的用户以物业管理人员为主，既要保证平台功能满足物业人员日常工作需求，又要给用户提供良好的体验，即模型读取速度快、模型精细度高和信息提取便捷。前者需要在平台开发前对业务进行梳理并设定相应使用场景，后者需要选择合理的模型轻量化技术，并用模型反复验证。运维平台中项目全貌如图12所示。

图 12　运维管理平台演示界面

3.2　模型标准与验收机制研究

3.2.1　研究制定 BIM 模型标准

BIM 模型标准是指导整个项目实施的重要指导文件，各参与方需采用统一的建模标准，满足施工应用和后期运维需求。本工程分两个阶段制定了 BIM 建模标准：

（1）项目初期为实现 BIM 模型的可传递性，组织相关人员在咨询单位的辅助下，编制出适用于项目的施工 BIM 建模标准。

（2）项目在运维平台研发完成后，为满足后期 BIM 运维需求，经反复试验，最终完成适用于运维平台的 BIM 运维模型交付标准，既可以满足施工应用又可以满足运维平台使用。

以暖通专业模型交付精细度为例：

（1）模型构件及信息粒度要求见表 6。

暖通专业模型信息粒度表　　　　　　　　　　　　　　　表 6

模型构件	几何信息	非几何信息			
		技术信息	产品信息	安装信息	运维信息
供、回水管道	进出口管直径、尺寸、偏移量（中心高度）	系统类型、材质、连接类型、隔热层厚度、隔热层类型	产品品牌、产品型号	安装单位、验收日期	交付日期、使用年限、保修年限、维保单位
供、回水管道附件		类型名称、材质、连接类型、隔热层厚度、隔热层类型		生产厂家、生产日期、安装单位、验收日期	
始末端装置		类型名称、材质、连接类型、检查周期			
热力设施设备					

续表

模型构件	几何信息	非几何信息			
		技术信息	产品信息	安装信息	运维信息
通、排风管道	尺寸、偏移量（中心高度）	系统类型、材质、连接类型	产品品牌、产品型号	安装单位、验收日期	交付日期、使用年限、保修年限、维保单位
通、排风管道附件		类型名称、材质、连接类型、检查周期		生产厂家、生产日期、安装单位、验收日期	
始末端装置					
通、排风设施设备					

（2）模型构件建模精度要求见表7。

暖通专业建模精度表　　　　表7

专业	模型构件	建模精度
暖通专业	暖通空调系统	● 设备宜采用生产厂家提供的三维模型 ● 直径不小于10mm的管线应建模 ● 安装附件宜采用生产厂家提供的三维模型

3.2.2 研究建立模型验收机制

（1）模型验收具备的条件：①与现场一致；②适用于运维平台。

（2）模型验收要点：为保证模型的准确性与适用性，模型验收按照基础、结构、建筑、装修、机电分专业、分阶段进行。项目一线管理人员参与验收有利于排查出模型问题。信息录入工作要在竣工模型的基础上进行，录入的信息要满足建设单位后期运维需求，模型的编码、分类要与平台功能相吻合。

（3）模型验收流程如图13所示。

（4）施工单位提交模型验收申请报告，通过验收后，建设单位签发模型验收单。

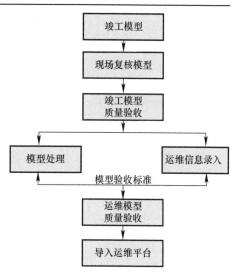

图13　模型验收流程

3.2.3 应用小结

模型作为施工信息、建筑信息和设备信息的载体，其作用至关重要。本项目通过制定适用性强的BIM模型标准和严谨规范的验收机制，确保了BIM运维模型的准确性。模型标准实现了施工到运维阶段的模型数据传递，满足了基于BIM模型的选房、工单维修及能耗监测等公租房运维管理应用。模型验收机制保障了BIM运维模型与工程实体同步交付。

3.3 基于BIM的超低能耗建筑运维管理

3.3.1 超低能耗建筑运维需求

超低能耗室内环境设计条件：室内温度：20～26℃，超温频率不大于10%；室内相对湿度：35%～65%；室内 CO_2 浓度不大于 1000ppm；围护结构非透明部分内表面温差不超过 3℃，围护结构内表面温度不低于室内温度 3℃；室内允许噪音级：卧室、起居室≤30dB，设新风机的厨房≤35dB。按照北京市超低能耗示范项目要求，建设单位需要通过 BIM 运维管理平台收集三年的室内环境数据与能耗数据。

3.3.2 超低能耗建筑运维管理方案

根据超低能耗建筑特点、室内环境与能耗监测要求，制定了依靠多种传感器进行数据自动采集的方案。选定 3 栋超低能耗建筑和 2 栋普通楼房做对比，每栋楼选 2 层进行智能化传感器部署，采用科学的方法对超低能耗建筑能源系统及建筑物理环境进行监测、分析、评价，再对比普通建筑进行数据分析，为 BIM 运维平台提供决策依据。

3.3.3 传感器集成应用

（1）传感器的选型

项目对超低能耗建筑自身的电力能源、新风系统、室内环境（包括温、湿度、PM2.5、二氧化碳、噪声等）指标监测，并对建筑外部及周边环境进行监测，如室外新风进口温、湿度，地道风土层温度及集气室温度。另外针对公租房特点，户内添置一键报修等便民传感器，如图 14 所示。

图 14 传感器选型

（2）传感器集成应用

传感器位置、功能、型号和数量见表 8。

传感器信息表 表 8

序号	布置位置	传感器或设施	品牌型号	合计数量	功能
环境监测类（公共区域）					
1	集线间内	温湿度传感器（有线）	立群 LQWSD	1	系统自身关键外界环境监测
2	集线间外	温湿度传感器（无线）	立群 LQWXRSETH-M	1	
3	集线间外	环境监测传感器（无线）	立群 LQHJCGQ	1	
能耗监测类					
1	21 号、22 号楼新风入口处	温湿度（无线传输）	立群 LQWXRSETH-M	4	监测新风损耗和新风空气质量

		能耗监测类			
序号	布置位置	传感器或设施	品牌型号	合计数量	功能
2	21号、22号楼新风入口处	风压（无线传输）	华控兴业 HSTL-FY01+无线模块	4	
3	21号、22号楼新风入口处	风速（无线传输）	建大仁科　风速+无线模块	4	
4	21号、22号楼新风入口处	二氧化碳（无线传输）	立群 LQWXEYHT	4	
5	21号、22号楼新风入口处	PM2.5（无线传输）	立群 LQWXPM2.5	4	
6	21号、22号楼各楼地道风总进风口处	温湿度（无线传输）	立群 LQWXRSETH-M	1	监测新风损耗和新风空气质量
7	21号、22号楼各楼地道风总进风口处	风压（无线传输）	华控兴业 HSTL-FY01+无线模块	1	
8	21号、22号楼各楼地道风总进风口处	风速（无线传输）	建大仁科风速+无线模块	1	
9	21号、22号楼各楼地道风总进风口处	二氧化碳（无线传输）	立群 LQWXEYHT	1	
10	21号、22号楼各楼地道风总进风口处	PM2.5（无线传输）	立群 LQWXPM2.5	1	
11	地道风地下总风口处（进风）	温湿度（无线传输）	立群 LQWXRSETH-M	1	监测新风损耗和新风空气质量
12	地道风地下总风口处（进风）	风压（无线传输）	华控兴业 HSTL-FY01+无线模块	1	
13	地道风地下总风口处（进风）	风速（无线传输）	建大仁科 风速+无线模块	1	
14	地道风地下总风口处（进风）	二氧化碳（无线传输）	立群 LQWXEYHT	1	
15	地道风地下总风口处（进风）	PM2.5（无线传输）	立群 LQWXPM2.5	1	
16	楼层新风室新风系统通信接口（参看弱电图）	新风系统数据接收模块软件	定制	1	监测新风损耗和新风空气质量
17	地道风土层监测	温度（定制化防水防腐管线一点四温）	立群 LQFSFFWSD	6	监测地道风土层对新风温度的影响
18	楼层分户客厅的环境测量	集成有线传感器（温度、湿度）	立群 LQJCWSD	32	对比普通建筑与超低能耗建筑居住环境（舒适度）
19	楼层入户强电箱处	分项电计量模块	立群 LQFXDJL	80	对比普通建筑与超低能耗建筑能耗
20	地下总配电室	分项电计量模块	立群 LQFXDJL	5	对比普通建筑与超低能耗建筑能耗
21	22号楼分户能打开的推拉门和窗户	开窗（门）频率传感器（无线传输）	立群 LQWXKCPL	52	对比普通建筑与超低能耗建筑居住环境（舒适度）

续表

物业管理类				
序号	布置位置	传感器或设施	品牌型号	合计数量	功能

<table>
<tr><th>序号</th><th>布置位置</th><th>传感器或设施</th><th>品牌型号</th><th>合计数量</th><th>功能</th></tr>
<tr><td>1</td><td>水管末端</td><td>压力传感器（无线）</td><td>建大仁科 RK-PM300＋无线模块</td><td>36</td><td>辅助运维，自来水管压力预警</td></tr>
<tr><td>2</td><td>给水系统加压水泵控制箱内</td><td>水泵监测装置（无线）</td><td>立群 LQSBJCZZ</td><td>24</td><td>辅助运维，水泵运转预警</td></tr>
<tr><td>3</td><td>17号、21号、22号楼层排水管检修口</td><td>漏水传感器（有线）</td><td>安科达 WD90</td><td>30</td><td>辅助运维，漏水报警</td></tr>
<tr><td>4</td><td>17号、21号、22号楼给水管实验楼层管井</td><td>漏水传感器（有线）</td><td>安科达 WD90</td><td>12</td><td>辅助运维，漏水报警</td></tr>
<tr><td>5</td><td>地暖管井每个系统的末端立管放气阀附近</td><td>压力传感器（有线）</td><td>建大仁科 485</td><td>6</td><td>辅助运维，地暖管压力预警</td></tr>
<tr><td>6</td><td>试验楼层分户总进水管处监测地暖的供水、回水</td><td>温度传感器（有线模拟量）</td><td>立群 LQYTHWDPSQ</td><td>68</td><td>辅助运维，地暖温度预警</td></tr>
<tr><td>7</td><td>原有监控系统补充</td><td>高清视频（云台）监控摄像机</td><td>海康威视 DS-2CD3T56DWD-I5</td><td>20</td><td>辅助运维，提升运维品质</td></tr>
<tr><td>8</td><td>17号、21号、22号楼实验楼层的厨房</td><td>漏水传感器（有线）</td><td>安科达 WD90</td><td>48</td><td>辅助运维，漏水报警</td></tr>
<tr><td>9</td><td>17号、21号、22号楼实验楼层的卫生间</td><td>漏水传感器（有线）</td><td>安科达 WD90</td><td>48</td><td>辅助运维，漏水报警</td></tr>
<tr><td>10</td><td>11号、15号楼实验楼层分户分水器</td><td>漏水传感器（有线）</td><td>安科达 WD90</td><td>32</td><td>辅助运维，漏水报警</td></tr>
<tr><td>11</td><td>楼层室内经常活动的地方</td><td>噪声传感器（无线传输）</td><td>RT-ZS-BZ＋无线模块</td><td>48</td><td>辅助运维，居住舒适度监测新风应用效果监测</td></tr>
<tr><td>12</td><td>楼层可能产生噪声的位置</td><td>噪声传感器（无线传输）</td><td>RT-ZS-BZ＋无线模块</td><td>6</td><td>辅助运维，居住舒适度监测新风应用效果监测</td></tr>
<tr><td>13</td><td>试验楼层分户灯开关右侧</td><td>住户一键报修器</td><td>立群 LQYJBXQ</td><td>80</td><td>辅助运维，提升运维效率</td></tr>
<tr><td>14</td><td>普通建筑实验楼层分户厨房</td><td>温湿度（无线传输）</td><td>立群 LQWXRSETH-M</td><td>32</td><td>辅助运维，提升居住品质高温辅助预警</td></tr>
</table>

（3）传感器安装施工

本工程对传感器安装编制了专项施工方案，并通过 BIM 模型确定传感器安装位置，经设计同意后，由弱电分包负责施工，报送隐蔽资料，监理组织验收。如图 15～图 17 所示。

（4）传感器数据采集与传输

混合网络传输方式：采用有线无线相结合的传输网络，包括 TCP/IP 局域网、rs485 通讯网络和 LORA 无线网络等。各楼之间的主干网络采用光纤传输介质，各层之间局域网采用 UTP5 类双绞线网络介质，不便布线的地方采用 LORA 无线通信技术，如图 18 所示。

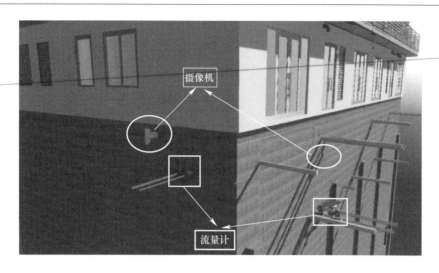

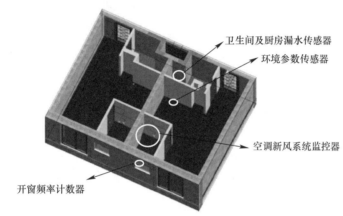

图 15 传感器布置

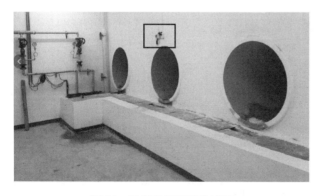

图 16 地道风温湿度传感器

图 17 供水监测传感器

3.3.4 传感器数据与运维平台对接

传感器采集的原始数据存储到数据仓库中,经过整理后提供给 BIM 运维平台生成报表。用户可以查看报表,也可通过运维平台中模型查看各部位传感器实时数据。如图 19~图 21 所示。

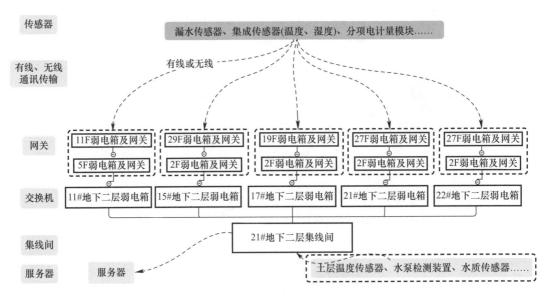

图18　数据传输网络图

序号	日期	室外温度	土层温度	负氧离子_整式板	负氧离子_普通间	新风总进口二氧化碳	新风总进口PM2.5	新风总进口温度	新风总进口湿度	地下土层含水层温度
1	2019/7/3	32.5	18.2	3216	832	426	38	27	48	17.2
2	2019/7/4	35	18.3	3235	893	413	41	30	52	17
3	2019/7/5	29.5	18.1	3260	881	436	32	25	55	17.1
4	2019/7/6	24	18	3403	903	440	31	22	53	17.2
5	2019/7/7	26	18	3362	896	443	32	23	53	16.9
6	2019/7/8	28.5	18.1	3303	861	432	35	25	52	17.1
7	2019/7/9	27	18	3301	856	441	33	24	53	17.2
8	2019/7/10	27	18	3303	858	440	32	24	49	17.2

图19　传感器采集的原始数据

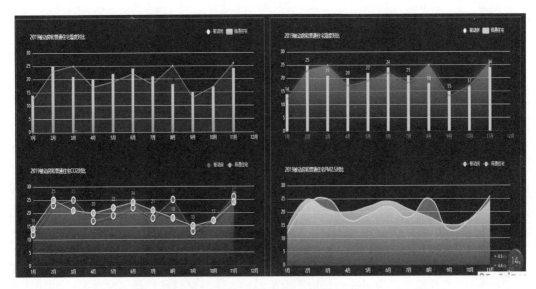

图20　BIM运维平台生成报表界面

图21　模型查看传感器数据界面

3.3.5　应用小结

本工程通过 BIM 运维平台＋传感器完成对超低能耗建筑室内环境与能耗监测，物业管理人员可以通过数据精准的了解建筑运行情况，以便合理调节新风系统，达到既舒适又节能的效果。针对公租房的特点，从物业管理的角度尝试了基于 BIM 技术的智能化解决方案，即物业管理人员可以通过 BIM 模型和传感器迅速找到噪声、漏水、供暖等居住问题的原因和位置，极大地提高了工作效率与服务质量。

4　应用总结

项目对公租房从施工到运维阶段的 BIM 应用进行了研究与实施，项目初期就确立了工作目标。施工单位主导装配式建筑与超低能耗建筑施工中的 BIM 应用，建设单位主导BIM 运维平台的开发，双方紧密配合，成功探索出了公租房施工——运维 BIM 管理解决方案。

在施工阶段，BIM 技术从结构底板放线、图纸会审、机电管线综合与出图、预制构件深化设计、装配式结构施工组织、超低能耗建筑深化设计等诸多方面发挥了巨大作用，特别是解决了超低能耗外保温的排版与配套施工工艺研发的难题，不仅保障了施工进度，而且提高了外保温施工质量。

BIM 运维平台旨在提高运行效率、降低运维成本，平台以 BIM 技术为切入点，利用GIS、虚拟现实、物联网、大数据和移动通讯等信息技术，形成基于 BIM 技术的建筑智能运维模式，将基础数据、动态数据和业务数据与 BIM 模型相结合，在资产、维护、安全和能耗等多维度落地应用，在建筑与设备精准定位的基础上，实现各维护环节数据的可视化、智能化，进而实现对建筑以及社区的精细化管理。

　　BIM 实施方案的制定至关重要，直接影响整个 BIM 工作的成败与实施成本。本工程的 BIM 工作涉及多种技术的综合应用与创新，参与人员多、组织难度大，项目前期经充分调研，在建设单位的大力支持与推进下，组织参建各方共同参与制定了合理的 BIM 应用实施方案，并圆满完成了初期制定的目标，相关成果为其他类似工程提供了宝贵经验。

　　与此同时，本项目在 BIM 应用过程中存在 BIM 运维平台对网络环境要求较高，网络不好会影响用户体验与工作效率；模型经过轻量化后视觉效果不够精美；模型创建与信息录入工作量大，不够便捷等问题，在后续工作中有待进一步完善。